JN067976

# 岩石と文明

## 25の岩石に秘められた地球の歴史

THE STORY OF THE
EARTH IN 25 ROCKS
TALES OF IMPORTANT GEOLOGICAL PUZZLES AND THE PEOP
WHO SOLVED THEM BY DONALD R. PROTHERO

上
ドナルド・R・プロセロ 著
佐野弘好 訳

築地書館

本書で紹介した発見を成しとげた素晴らしい地質学者、
とくに私の研究にひらめきを与えてくれた以下の人びとに本書を捧げる。

アルフレッド・ウェゲナー
ジェームズ・ハットン
チャールズ・ライエル
ウィリアム・スミス
アーサー・ホームズ
ゲリー・ワッサーバーグ
ジーン・シューメーカー
クレア・パターソン
チャールズ・D・ウォルコット
ジョー・カーシュビンク
トマス・ヘンリー・ハクスリー
アラン・コックス
G・ブレント・ダルリンプル
ケン・シュー
ゲイリー・アーンスト
ビル・ライアン
ウォルター・ムンク
ルイ・アガシー

*The Story of the Earth in 25 Rocks*
*Tales of Important Geological Puzzles and the People Who Solved Them*
by
Donald R. Prothero

Japanese translation rights arranged with
Columbia University Press, New York
through Tuttle-Mori Agency, Inc., Tokyo
Japanese translation by Hiroyoshi Sano
Published in Japan by Tsukiji-shokan Publishing Co., Ltd., Tokyo

# はじめに

　どんな岩石にも化石にも物語がある。多くの人びとにとって岩石はただの岩石でしかないが、経験を積んだ地質学者には、方法さえ知っていれば岩石は、そこから明確に読み取ることができる貴重な証拠に満ちた謎解きの手がかりだ。私は地質学とはテレビのＣＳＩシリーズ〔訳註：科学捜査班。アメリカの人気テレビドラマシリーズ（二〇〇〇〜二〇一五年放送）〕のようなものだと学生に言う。地質学者と古生物学者は科学捜査官を演じ、ちょっとした証拠のかけらを集めて、過去の「事件現場」を――しばしば信じられないほど詳しく復元してみせるからだ。

「化石が語る生命の歴史」シリーズ全三巻のスタイルにならって、私は一般読者また論理的続編として専門家にも、正確だが魅力的で、読みやすくて面白い本を執筆しようと努めてきた。「化石が語る生命の歴史」シリーズと同じように、章ごとにある特定の岩石や有名な露頭、または重要な地質現象に焦点をあてている。私はこれらの岩石や地質現象が秘めている魅力的な歴史的・文化的背景と、岩石や地質現象が人びとの地球に対する考え方をどのように変えたのか、またどのくらい確かに地球の営みが機能するのかを関連づけて説明しよう。これに加えて、私はこれらを発見した魅力あふれる人びとのこと、そして彼らがどのようにしてそれらを発見したのかの物語を紡ぎ上げてみようと思った。ほとんどの場合、パズルの一つひとつのピースのように働く、予期しなかったずっと小さな発見とともにゆっくりと最終的な理解が訪れた。全体像はピースが組み合わさったときについにはっきりしたものになったのだ。多くの章で、説明がついていないパズルのピースとその答えというテーマに読者は出会うことだろう。

岩石と文明　上巻◉もくじ

## 第3章 錫鉱石


## 第4章 傾斜不整合


## 第5章 火成岩の岩脈

## 第6章　石炭


## 第7章　ジュラシックワールド


## 第8章　放射性ウラン

第16章

## ダイアミクタイト

下巻●もくじ

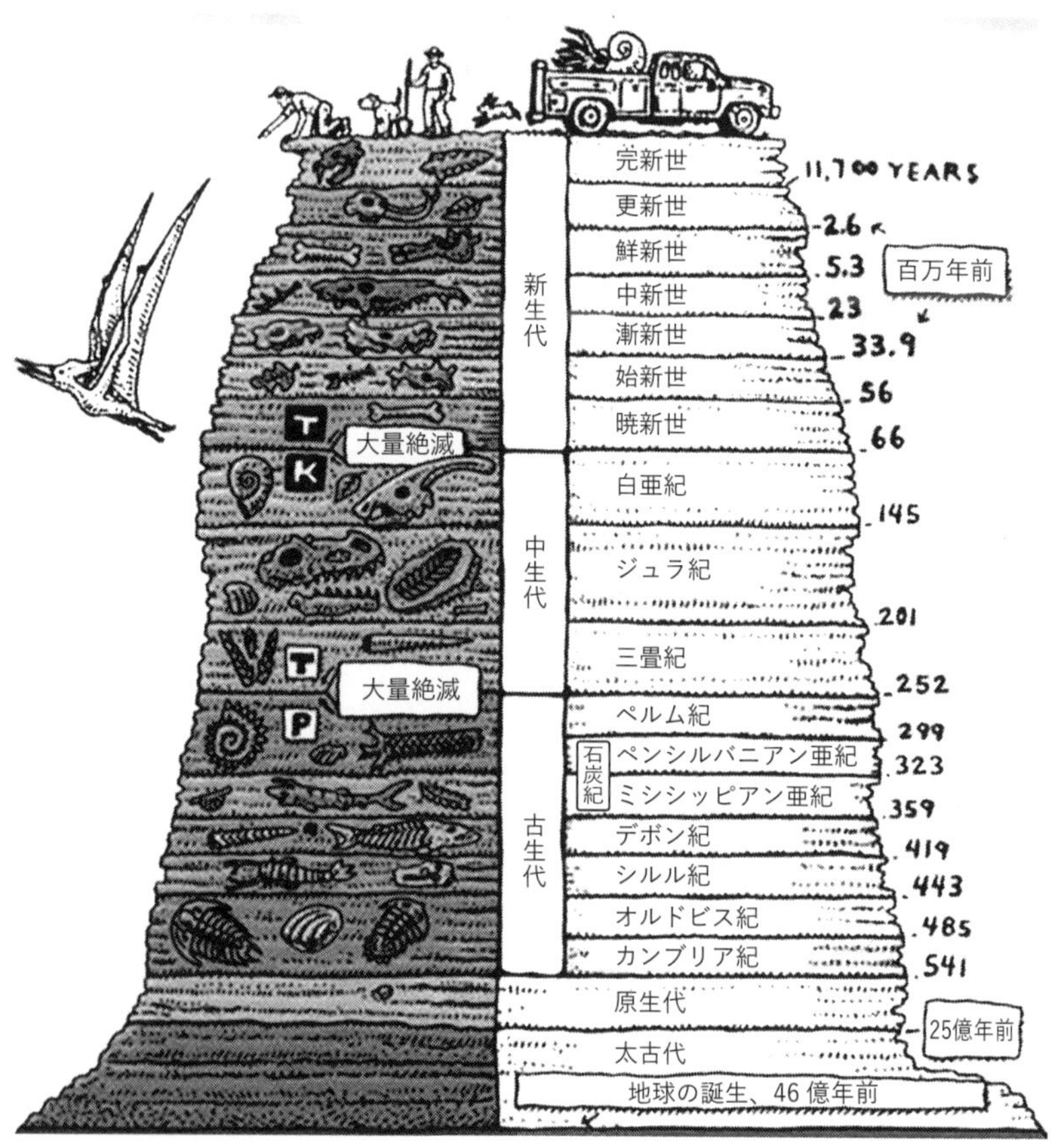


T/K：白亜紀（K）と第三紀（T）の境界。ただし現在ではTに代わって、Pg（古第三紀）が使われる。中生代・新生代の境界（6600万年前）にあたる。

T/P：三畳紀（T）とペルム紀（P）の境界。古生代・中生代の境界（約2億5190万年前）にあたる。

# 第1章 火山灰

## 火の神ウルカヌスの怒り——古代都市ポンペイの悲劇

危険に向き合って生きよ。ベスビオス火山の麓に町を造れ。

——F・ニーチェ

### 神々の炎

火山の噴火は世にも恐ろしい出来事である。はるかな古代でも、またさまざまな情報にあふれる現代でさえも、火山の噴火は神の怒り、神の教えに背いたことへの罰の表れとみられてきた。その巨大な力、轟音、破壊力は地震をのぞく他のどんな地学現象、自然災害よりも恐れられた。ローマ人たちはシチリア島のエトナ山の噴火は火の神ウルカヌス（ギリシャ神話に登場するヘパイストス）の炉から噴き上がる炎だと思っていた。ウルカヌスは炎と鍛冶の神で、ジュピターが投げつけた雷（ケラウノス）のような武器、防具、金属加工品などを鍛造するために地下の火を司っていた。火山の噴火はウルカヌスの妻、ヴィーナス（ギリシャ神話のアフロディーテ）の裏切りに対する怒りの表れだと人びとは信じていた。ナポリ湾を見下ろすベスビオス火山はハーキュリーズ（ギリシャ神話のヘラクレス）に捧げられたもので、「ベスビオス」という名前はヘラクレスがゼウスの息子であることから、ゼウスの子という意味のギリシャ語にちなむと考える学者もいる。

火山とはどのようなものであり、火山がどのようにして噴火するかを科学的な視点から正しく記述した記録のひとつがはるか古代に残されている。紀元七九年のベスビオス火山の噴火は、地球とはどのようなものかという現代的な理解への第一歩であり、自然科学としての地質学の誕生につながる現象だったという言い方もできる。

噴火発生当時、ベスビオス火山の周囲の都市や町は裕福で繁栄していた。ナポリ湾では水産業が盛んで、ベスビオス火山の山麓など多くの場所ではワイン用のブドウが栽培されていた。現在でもそうだが、火山の土壌はたいへん肥沃で、いろいろな作物やワイン用のブドウの生育に適している。ローマ帝国の皇帝はナポリ湾近くのカプリ島に広大な別荘をもっていたし、この地域にはローマ帝国の上流階級の人びとの屋敷がたくさんあった。そうした中でポンペイは人口二万人を超える大きな都市で、そのまわりにはたくさんの町や村ができていた。

ベスビオス火山は紀元前二一七年以後、噴火が起きていなかったので、ローマ市民はベスビオス火山はすでに噴火活動を終えた死火山〔訳註：歴史時代の活動がない火山をさす用語だが、現在は使われていない〕だと思いこんでいた。しかしポンペイ、ヘルクラネウム、ネアポリス（ナポリ）の大部分に壊滅的打撃を

▲**図 1.1**　1944 年のベスビオス火山の噴火

与えた紀元六二年の巨大地震以後、一七年間にわたって何度も地震が起きていた。紀元前三〇年頃、偉大な歴史家であるディオドルス・シクルスは、カンパニアン平野〔訳註：火山性カルデラ盆地〕を「燃えさかる平原」（イタリア語でカンピ・フレグレイ）とよんでいる。それはベスビオス火山がはるか昔からすでに噴火の兆しを見せていたからである。

紀元七九年八月、地震の回数が増え続け、ポンペイ地域の井戸や泉が涸れてしまうという現象が発生した。八月二三日は火の神ウルカヌスを祀る恒例のウルカナリア祭の日であった。ところが皮肉なことに、その翌日、火の神はベスビオス火山の巨大噴火という形でポンペイ市民にこたえたのである。噴出した火山灰で空は暗くなり、軽石が二〇時間にわたって降り続いた（図1・

1)。すぐに避難した者もいたが、ヘルクラネウムとポンペイの市民の多くは街に取り残されてしまった。残されたのは、あえて逃げようとしなかった人びとか、逃げ出そうにも船の数が足りず、道路には二・八メートルもの厚さの火山灰や軽石が積もって、馬車や避難民の行列であふれかえり、逃げ出せなかった人びとだ。脱出することが難しいうえに、火山灰や有毒ガスが充満した中では呼吸することさえ困難だった。火山灰や有毒ガスは人間や動物の肺に侵入して窒息させたのだ。

八月二四日のベスビオス火山の噴火はポンペイの悲劇のほんの幕開けにすぎなかった。翌日、ベスビオス火山は大量の熱雲あるいは火砕流を発生させた。火山ガスと火山灰の混合物でできた高温の流体、火砕流はベスビオス火山の山腹を時速一六〇キロメートルで流れ下り、その流路にあったものすべてを焼きつくした。火砕流は厚さ数十メートルに達する凝灰岩（ぎょうかいがん）とよばれる火山堆積物となって、ヘルクラネウムの市街を埋めてしまった。

## 大災害を目撃した歴史家

ベスビオス火山の噴火を目撃し、証言できる人びとは、噴火の犠牲になってしまって記録を残せなかった。つまり、当時の人びとの噴火に対する見方や体験談は歴史の闇の中に失われてしまった。しかし幸いなことに、小プリニウスの手による優れた噴火の目撃記録が残されている。小プリニウスは噴火当時一七歳で、ベスビオス火山から西に三五キロメートル離れたミセヌムに家族とともに避難していた。

その友人で歴史家として有名なコルネリウス・タキトゥスへの手紙の中で、ローマ帝国の優れた軍人であり、学者であり、また博物学者でもあった小プリニウスの五六歳の伯父の、大プリニウス（プリニウス・セクンドゥス）が噴火中にもかかわらずどのようにしてベスビオス火山に救援船を差し向けて、市民を救出しようとしたのかを小プリニウスが書き残している。それは、私が高校のラテン語の授業でその原著を初めて読んで以来、火山噴火に関するどんな記録よりも印象的で、心に残るもののひとつになった。

敬愛するタキトゥス君へ

わが伯父の死について後世の人びとから信頼されるような記録文書をつくってもらえないかという君の依頼でしたね。もし君の大著「同時代史」の中で伯父の死を取り上げてもらえたら伯父の死は永遠に忘れ去られることがなく、とてもありがたいことです。伯父は最愛の国土に降りかかった大惨事、すなわち、人びとと都市の両方が経験した忘れえない破滅的な大惨事の中で死んでいったのです。彼にとってはこれも人生のひとつといえるでしょう。伯父自身の手による不滅の名作がたくさんありますが、君の不朽の著作には伯父が永遠の存在としてつけ加えられるはずです。書き残す価値のある行いをする才能か、または読む価値のある文書を残す才能か、いずれかを神から与えられている者は幸せだと思います。もちろん両方できる人は最も幸せであることは言うまでもありません。伯父自身の著作と君の著作とを比べると、伯父は後者でしょう。ですから、私は君への書簡を喜んで引き受ける、いやむしろ自分に課せられた任務だと思って引き受けましょう。

八月二四日、伯父は司令官としてミセヌムに居ました。午後二時から三時頃、私の母は見たこともない大きさと形の雲が出現したことを伯父に教えました。そのとき伯父は日光浴を終え、冷たい水を浴びて食事を済ませ、自身の著書を読みながらくつろいでいたところで、母の知らせを聞いて、伯父は靴を持ってこさせ、巨大な「雲」が現れているのが一番よく見えるところに上がっていきました。その「雲」は山の頂から噴き上がっているようでしたが、距離がかなりあったためにどの山から噴き上がっているのかまではわかりませんでした。その山がベスビオス火山だとわかったのは後からでした。

私（小プリニウス）は立ち上がったその「雲」を松の木（イタリアカサマツ）にたとえるのが一番よいと思いました。その「雲」（正しくは噴煙または噴煙柱）はたいへん長い「幹」が空に向かって立ち上がり、その「幹」から何本かの「枝」が伸びていました。私は突然起きた爆風で「幹」が立ち上り、爆風が弱まった後、自身の重みで「幹」が横に広がったのだと想像しました。「雲」のある部分は白く、ある部分は粉塵と灰で黒っぽく、まだらに見えました。この様子を目の当たりにした伯父は科学者としての心が触発されて、もっと近くでこの噴煙を見てみようと決心したのでした［火山灰と軽石がまじったキノコ型の噴煙柱をもたらす爆発的噴火は大プリニウスの名前にちなんで現在では「プリニー式噴火」とよばれている］。

伯父はすぐに出航できるように船を手配しました。同行するようにと伯父は私に言ったのですが、そのときはたまたま伯父から作文の勉強をするように命じられていたこともあって同行せず、私は残って勉強を続けることにしたのです。家を出発しようとしたとき、伯父にポンポニアヌス〔訳註：ローマ帝国の元老院議員で大プリニウスの友人〕の妻、レクティナ〔訳註：大プリニウスの友人で、作家〕から手紙が届きました。手紙の文面から迫りくる危機的状況へのレクティナの恐怖が伝わってきました。彼女の別荘はベスビオス火山の麓にあったため、そこからは船で脱出するよりほかなかったのでした。彼女は自分を救ってほしいと伯父に乞い願いました。伯父は計画を変えました。科学的探求心に動かされて始めたベスビオス火山の調査行は、いまや勇敢さを必要とする救出活動に変わったのでした。伯父は自らも乗りこんだ四丁櫓の船を発進させました。救護すべきはレクティナだけではなく、もっと多くの人びとなのです。伯父は人びとが脱出を図りつつある場所に急行し、危険の真只中に向かいました。伯父はこのとき恐怖を感じていたのでしょうか。自分の目の前で起きていることを口述筆記させながら、地獄の使者さながらの噴煙柱の動きと形状を観察し続けていたのですから、伯父に恐怖心はなかったと思います。

火山灰はいまや海上の船にも降り注ぐようになり、船が進むにつれて火山灰はいっそう濃密になり、あたりはしだいに暗くなってきました。火山灰は軽石の破片で、炎に焼けただれて黒くなった軽石が粉々に砕かれたものだったのです。見ると、海岸線が後退して少し前まで海だった場所が海岸になっていました。火山から飛来した岩石の塊が海辺をふさいでしまっていたのです。そのため船を着岸させることができません。操舵手が勧めたように引き返すべきかどうか、伯父はしばし考えていました。伯父は、「幸運は勇者に味方する。ポンポニアヌスのところに向かおう」と決心しました。

ポンポニアヌスがいるスタビエは海岸線が緩くカーブしたナポリ湾のもう一方の側にある港町です。スタビエは実際にベスビオス火山に近いので、噴火が強まるとベスビオス火山の様子がよく見えたのですが、ポンポニアヌスは噴火の危険が押し寄せる直前まで港で自分の家財の積みこみを行っていました。伯父は逆風が緩むとみるやすぐに船を前進させました。するとうまい具合に風向きが変わり、伯父の船はスタビエの港に入ることができたのです。伯父は恐怖におびえるポンポニアヌスを抱き寄せ、安心せよ、勇気をもてと言い聞かせました。伯父は自身の平静さを周囲の者に見せることで彼らの恐怖心を鎮めようと、入浴の準備を命じました。入浴し、食事をとって、伯父は悠然とふるまいました。少なくとも周囲にはそう映るように。

そうこうするうち、一面の炎でベスビオス火山が明るく照らし出されるようになりました。夜の闇の中で炎はいっそう明るく際立って見えます。伯父は「炎は農民が避難して空き家になった農家の炉から出ているにすぎない」と言って人びとの恐怖を和らげようとしました。しばしの休息の後、伯父は深い眠りにつきました。大男だったのでいびきが伯父の部屋から聞こえてきたほどでした。屋外の地面には火山灰と岩石の破片が入りまじったものが厚く堆積していました。そのため少しでも遅れていたら伯父は部屋から出てこられなくなっていたかもしれません。しばらくして起き出してきて、一睡もできなかったポンポニアヌスやそのまわりの人びとを励まし、元気づけました。屋根があるこの建物にとどまるのが安全か、それとも屋外に出て行くべきか、自分たちはこれからどうするのがよいかを話し合いました。建物は連続する地震動で扉が開かなくなっていたし、土台が緩んであちこちにすべっていきそうになっていました。一方、屋外では火山から飛び出した灼熱の岩塊や、赤く焼けただれた軽石の破片が降り注いでたいへん危険でした。屋内にとどまるか、屋外に脱出するべきか。他の人びとはただ恐怖を感じない手段を選ぼうとしていただけでしたが、伯父は冷静に考え、そして理性的な決断を下しました。

人びとは頭に枕をくくりつけてシャワーのように降り注ぐ岩石の塊から身を守ろうとしました。そのときは昼間でしたが、濃密な火山灰でおおわれた空は夜の闇よりも暗かったのです。そのため人びとは松明（たいまつ）やその他の灯りを持って行動しました。人びとは海の様子を間近で見ようと海岸に向かいました。しかし海は以前と同じく荒れていて、とても近寄れるものではありませんでした。伯父は船の帆の陰に腰を下ろしてひと休みしました。冷たい水を一杯か二杯飲んだそのとき、強烈な硫黄の匂いが漂ってきました。それとともに炎が襲ってきたのです。強い硫黄の匂いと炎で人びとは逃げ出しましたが、伯父は勇気をふりしぼったのでした。二人の召使いに体を支えられながら伯父は何とか立ち上がりましたが、すぐに崩れ落ちてしまいました。火山塵（かざんじん）と硫黄ガスを含んだ空気で伯父は呼吸困難に陥って窒息死したのでしょう。もともと伯父は呼吸器系が強いほうではなく、たびたび呼吸が止まるなど発作を起こしていたのです。こうして伯父はあっけなく命を落としました。二日後の朝、伯父の遺体は死んだときのまま、傷つくこともなく、生前の衣服を着たままで見つかりました。伯父は息絶えたというより、眠っているかのような安らかな表情でした。

### 数日して小プリニウスからタキトゥスに送られた二通目の書簡

今はもう夜明けというのに空は暗く、どんよりと濁って見えます。私（小プリニウス）たちがいる建物はもはや崩壊寸前ですし、崩壊寸前という眼前に迫った危険に対して建物は狭すぎるのです。私たちの後ろにはパニックに陥った群衆がいました。彼らは自身の判断に自分の身をゆだねるのではなく、誰かの指示通りに行動しようと指示を待っています。私たちの背後にはパニック状態の人びとの長い行列ができて、猛烈な力で押してきました。ある建物の前で私たちはいったん立ち止まりました。そこで私たちへの警告とも受け止めることができる奇妙な現象を見たのです。まったく平らな地面の上で馬車があらぬ方向に動き出したのです。馬車は車止めに当たっても止まりませんでした。そのとき私たちが見たのは、何かが海水を吸いこんでいるかのように海岸線が後退して海が沖に向かって動いていく光景でした。その結果、多くの海の生き物が乾いた砂浜に取り残されてしまったのです。陸のほうをふり返ると、世にも恐ろしげな黒い噴煙が立ち上り、燃え上がる炎の柱で引き裂かれているのが見えました。そして巨大な稲妻の閃光のような火柱が昇っていくのが見えました。

このときスペインから来ていた伯父の友人が早口でまくし立てたのです。「小プリニウスよ、もし君の伯父さんが生きていたら、彼は君とともに救出されることを望んだだろう。しかしもし彼が死んでいたら、彼は君が生き延びることを望んだだろう。君の脱出を妨げるようなことをしただろうか」。私たちは「伯父がすでに亡くなっているかどうかわからない今、自分たちの身の安全など考えもしません」と答えました。これを聞いてこの友人は死にものぐるいで危険な状況から走り去っていきました。

そのうち噴煙が地面の高さまで下がってきて、大地と海をすっかりおおってしまいました。噴煙はすでにカプリ島におおいかぶさり、ミセヌムの岬は視界から消えて見えなくなっていました。やがて母はもっと安全な場所に避難するよう私にすがりつきました。母は年老いて足が遅いのですが、若い私なら安全な場所まで逃げきれるかもしれないと思ったのでしょう。私の足手まといにならないよう、母は静かに死んでいくことを願ったのです。私は母を残して自分一人が助かろうなどとは考えもしませんでした。母の手をとって、急ぎ足で歩くよう促しました。母は遅れがちになる自分を叱咤しながら、何とか私について歩き始めました。

火山灰は降り続いていましたが、まだそれほど厚くは積もっていませんでした。あたりを見まわすと、巨大な黒い噴煙が、まるで洪水が大地にあふれ出すように、私たちの背後に迫ってきていました。「暗くなって何も見えなくなる前に道から離れましょう。そうしないと暗闇になったら後ろから来る人びとに踏みつけられてしまいます」。暗闇、つまり、火山灰が低く降りてきて、休んでいる余裕などありませんでした。

女性の悲鳴、子どもの泣き声、男たちの叫び声が聞こえてきます。両親の名前を叫ぶ者もいれば、妻や子どもの名前を呼ぶ声も聞こえました。声をあげて自分の所在を知らせるよりほか手段はありませんでした。自分や友人、知人の運命を嘆き悲しみ、死に直面した恐怖の中で神の許しを乞う者もいました。しかし多くの人びとは神の助けを求めたにもかかわらず、もはや助けてくれる神もいないし、世界は暗い闇の底に沈んでいくのだということを悟りました。ミセヌムの市街地の一部は瓦解し、他の場所は火の海にのまれているなどといったデマを流して、人びとの恐怖をいっそう煽りたてる者もいました。それはでっち上げの話でしたが、多くの人びとはデマを信じたのでした。一瞬、かすかな光が戻ってきたように見えました。しかし陽がさしてきたのではなく、火炎地獄が迫ってくるという警告だと思いました。そして石をたくさん含んだ濃密な火山灰が再び激しく降ってきた後、炎は少し離れたところで燃えさかり、闇が再び訪れました。

私たちはときどき体を起こして火山灰を振り払わなければなりませんでした。そうしないと火山灰に埋もれてしまい、その重みで圧しつぶされてしまったに違いありませんでした。うめき声や泣き叫ぶ声を聞いても逃げ出そうとしなかった自分を少し誇りに思います。世界はまもなく終焉を迎え、自分も世界の終わりとともに死んでいくし、またそれでよいのだと信じていました。自分が死んでいく運命にちっぽけな慰めなどは必要ありませんでした。

ようやく暗闇は薄れ、煙と雲の中に消えていきました。そして陽の光が帰ってきました。しかし陽の光は日食のときのように薄黄色く見えました。厚い火山灰に埋まってしまった市街の光景を見るのは恐ろしいことでした。私たちはミセヌムに戻り、ともかくも体を休めました。希望と恐怖が交錯した不安な一夜を過ごしました。なお地震が続いていたので、やはり恐怖が勝ったのでした。そして、感情的になった人の中には、恐怖に満ちた運命と比較して自分自身と他人の境遇を笑い飛ばす者もいました。しかし、これまで経験し、そしてこれからも再び経験するはずの恐ろしい出来事にもかかわらず、母と私は伯父の消息がわかるまでミセヌムを出て行くつもりはありませんでした。

## ベスビオス火山大噴火の後

六回目の最大の火山灰の高速・高温の流下物（火砕サージ）が港を襲った。やがて船はポンペイに引き返し、大プリニウスが船着場で息絶えているのが発見された。死因は明らかに有毒ガス、火山灰または火山塵を吸いこんだことによる窒息死であった。彼は数千人の死者の一人だった。生き残ったのはポンペイの住民二万人のうちほんのわずかでしかなかった。およそ二〇メートルの厚さの火山灰に埋まってしまったポンペイの市街地は放棄され、人びとはポンペイの存在を忘れてしまった（図1・2）。

一七四八年になって井戸掘り職人がポンペイの遺構を発見した。それ以後、ポンペイはほぼ完璧に発掘され、ローマ時代の人びとの暮らしぶりを垣間見ることができるようになった。家屋だけではなく、市民の生活の跡もよく保存されていた。壁にかかっていたフレスコ画には本来の鮮やかな色彩が保存されていたし、タイルのモザイクは完全な形で残っていてまったく破損していなかった。可燃性の素材を使っていない美術品の保存状態は驚くほどよかった。最も驚くべきことは、火山灰中の空気で満たされた空洞の発見だった。この空洞に石膏を流しこんで掘り出してみたところ、それは火山灰、有毒ガスから身を守ろうと体を折り曲げたまま火山灰に埋まって死んだ古代ローマ人（およびその飼い犬）の遺体であることがわかった（図1・3）。その肉体は腐敗・焼失または高温で蒸発してしまったが、空洞として残ったのである。

ポンペイの火山灰堆積物に比べて、やや硬質な火山泥流堆積物が約二三メートルの厚さで堆積してい

▲**図 1.2**　悲劇の街、ポンペイの遺跡。背後に見えるのはベスビオス火山

たヘルクラネウムでの遺構発掘はいっそう困難だった。その遺構は一七〇九年に発見され、発掘が一七三八年に始まったが、出土品はごくわずかしかなかった。ポンペイのような大都市とは違って、ヘルクラネウムは海岸沿いの人口約五〇〇〇人の小さな街にすぎなかった。しかし被災を免れた住宅、宝石類、美術品などからここには豪華な別荘がたくさんあったことがわかった。ポンペイと同様に、考古学者たちは肉体が高温で蒸発したあとにできた空洞をたくさん見つけた。その数は約三〇〇体に達し、死亡時の姿勢をそのまま保っていた。人びとの多くは浜辺近くで見つかっている。海岸から脱出を試みたものの、高温で肉体が蒸発してしまうより前に有毒な火山ガスによって窒息死に至ったと思われる。

紀元七九年の大噴火ののち、ポンペイとヘルクラネウムは地図から抹消されてしまった。べ

▲**図 1.3**　ポンペイの火山灰層の空洞に石膏を流しこんで復元された犠牲者

スビオス火山はそれから数十年にわたって活動が続いたが、ポンペイとヘルクラネウムの悲劇は時とともに古代ローマ人の記憶からも消えてしまった。

紀元二〇三年と四七二年にベスビオス火山は大規模な噴火を起こしている。このときはコンスタンチノープル〔訳註：現在のイスタンブール〕まで火山灰が飛来した。その後、二〇世紀までベスビオス火山の活動はぴたりと静まってしまった。二〇世紀に入ってからは、一九〇六年の噴火で大量の溶岩が噴出し、一〇〇人以上が犠牲になった。第二次世界大戦中の一九四四年、ベスビオス火山は再び噴火して近隣のいくつかの村が被害を受け、そのときにはイタリア侵攻に参戦した連合軍のB25爆撃機も巻き添えになっている。

この七〇年間、ベスビオス火山は比較的静穏を保っている。しかしこれまでの噴火の歴史をみると、ベスビオス火山が地上で最も活発で危険な火山のひとつであることは明らかである。にもかかわらず、なお一〇〇〇万人が山腹で、麓には三〇〇万人が暮らしている。もし紀元七九年のような噴火が起きたら、破滅的な大惨事が起きることは疑いない。

ベスビオス火山の噴火とポンペイの悲劇の話は、他の火山の大噴火の場合となんら変わるところはない。ただひとつ違うのは、大プリニウスとその甥、小プリニウスがベスビオス火山の噴火中に命がけで記録を残した点である。彼らは火山の噴火を単に神の仕業とみなすのではなく、噴火の現場に踏みこんで科学者の視点から噴火活動を自然現象のひとつとして捉え、記録したのである。その思想は、大プリニウスと小プリニウスが生涯をかけて完成させた自然史に関する三七巻の「博物誌」にもよく表れている。彼らが描いたイタリアカサマツの木に似た形の噴煙の成長・上昇とこれに続く火山噴出物についての記述と記録は詳細かつ科学的に正確なもので、神話の世界とは無関係な立場から火山の噴火を記述した最初の文書となった。二人のプリニウス（一人は科学的な調査中に死亡した）の記録は、現在、地球科学とよばれる地球の営みの科学的な観測の始まりを示している。

第2章

# 自然銅
## アイスマンと銅の島——銅をめぐる古代の争奪戦

ハリウッドの大手のスタジオとチームを組んで、私は「銅」という映画を制作中だ。セットは二四世紀の火星。人口が二七億に達した地球では、銅が世界で最も貴重な金属になっている。それはあらゆるものが電化され、もはや炭化水素が使われることはなくなっていたからである。

——ロバート・フリードランド

### アルプスで発見された古代人、アイスマンが語る銅の時代

一九九一年九月一九日、オーストリア・アルプスをトレッキングする二人のドイツ人がいた。彼らは標高三二一〇メートルでコースに定められた小径から外れて近道を行った。トレッキングの途中、雪の中に黒い物体を見つけた。彼らは最初それを前のハイカーが捨てていったゴミかと思ったが、近づいてみると、それが雪につき刺さった人間の頭と胴体だということに気づいた。遺体の保存状態がよかった

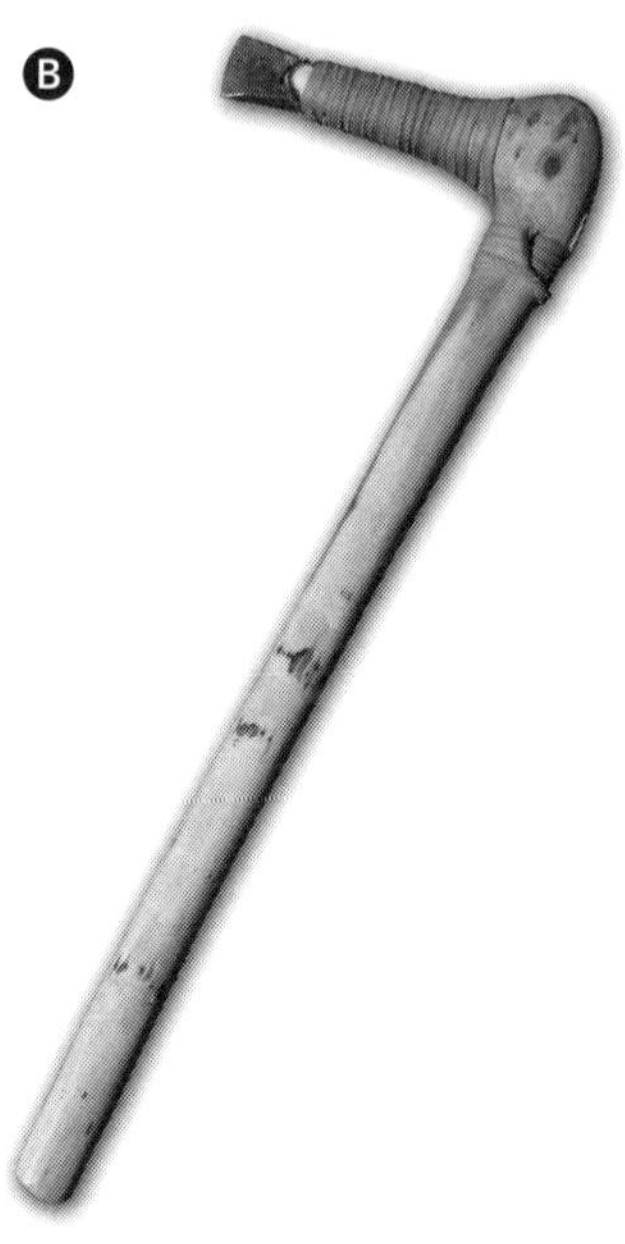

▲図 2.1
A：エッツィのアイスマン
B：アイスマンが所持していた銅製の刃を備えた手斧

ので、このハイカーたち、そしてその後には検死官と警官は、この人体は比較的最近に起きた殺人事件の犠牲者か、行方不明になって行き倒れたハイカーの遺体だと思った。

じつはその遺体は行方不明のハイカーともいえたが、最近発生した事件によるものではなかった。地元の遺体安置所で検死官と警官が遺体の衣服と所持品を調べた結果、二人のハイカーが見つけたのは古代人のミイラ化した遺体であったことが確認された。その後行われた年代測定の結果、ミイラ化した古代人は約五三〇〇年前に生きていた人間であることもわかった。このミイラ化した古代人は彼の遺体が見つかったエッツィ渓谷にちなんで「エッツィのアイスマン」（図2・1）という愛称がつけられた。このアイスマンと彼の衣服や所持品は、銅器が石器に取って代わる時代の人類の生活・文化を知るうえで重要な手がかりとなった。

人類史上、最初の武器や道具はフリント〔訳註：ケイ酸分が多く、硬くて緻密な堆積岩。火打ち石〕や黒曜石のような岩石でできていた。旧石器時代と新石器時代という人類が道具を使い始めた時代は、少なくとも二〇〇万年前に遡る。しかし石器には自ずと限界があった。つまり、石器は脆く、金属に比べると細工しにくいという欠点だ。銅製の農具が使い始められるようになって石器時代の終焉が訪れ、金石併用時代または銅器時代を経て、銅と錫の合金、すなわち、青銅を農具や武器に使う時代（青銅器時代）に向かって人類が一歩を踏み出したのである。農具や武器に加工された銅や錫は石器よりも鋭利でしかも軽いので、刃先を長くすることができた。金属製の剣や槍の穂先をもった軍隊はたいへん有利で、その結果、巨大帝国をつぎつぎに滅ぼしていった。また金属製農具は農村での定住生活と深く関係している。例えば、金属器を使うことで農作業は楽になったが、その原材料を見つけるには高度な技術が必要だった。石器の材料はどこでも見つけられるが、金属加工は専門的な技術で、金属加工専門の技術者と、原材料を入手するための貿易のネットワークをもっているような大きな集団でのみ可能になる。

ほとんどの元素や鉱物とは違い、銅は金、銀、硫黄、石墨などと同じく、高純度の元素鉱物として存在する。自然銅はしばしば巨大な結晶として産出する（図2・2）。アメリカ、ミシガン州アッパー・ペニンシュラ地域など、自然銅が採れることで有名な場所がある。アメリカでは、自然銅の産地は氷河期の氷河の前進作用〔訳註：下巻第25章参照〕によって中西部に移動してしまっている。最も初期の銅製品

▲図 2.2　自然銅

には、自然銅を加熱することなく、叩いて成形しただけのものもあった。少なくとも一万一〇〇〇年前には自然銅でできた道具を用いる文明が存在していた。中東で発見された銅製の首飾りのような装飾品は一万七〇〇〇年前のものといわれている。七五〇〇年前には次の段階に進んだ証拠がある。それはセルビアで出土した斧の刃で、精錬された銅でできていたのである。

銅器時代は石器時代から青銅器時代への移行期にあたるが、その時期は地域ごとに違っている。中国では約四八〇〇年前、シュメール（チグリス川とユーフラテス川の間の地域）とエジプトでは五〇〇〇年前、北ヨーロッパでは四二八〇年前、アメリカのミシガン州北部ではおそらく五〇〇〇年から八〇〇〇年前だ。

エッツィのアイスマンの持ち物の中で最も貴重なものは純度九九・七パーセントの銅製の刃がついた斧だろう。一方、彼の頭髪からは多量のヒ素が検出されており、彼は銅の精錬にたずさわっていたと思われる。ヨーロッパの「戦斧文化」は、およそ七五〇〇年前から三五〇〇年前にかけて多くの地域に広がったが、銅よりもずっと硬く、しかも耐久性に優れた青銅（銅と錫の合金）の生産が中東で始まり、青銅器時代へと移っていった。しかし銅は青銅の主成分であり、青銅器時代に入っても銅の需要がとだえることはなかった。

## 東地中海に浮かぶ銅の島、キプロス

ギリシャ・ローマ時代には鉄や他の金属の精錬法が進歩していたが、銅はなおも広く用いられていた。古代ギリシャ人たちは銅のことを「カルコス（chalchos）」とよび、地中海地方の限られた数少ない地域で採掘していた。古代ローマ人たちは、キプロス島が当時最大の銅の産地だったことから、銅を「キプロス島の金属（エイ　サイプリアム）」とよんでいた。このような背景があって、ラテン語では銅のことを「カプラム」と言い、この言葉はのちに錬金術師が用いるようになった。またこの言葉は現在、銅の元素記号として「Cu」が使われているゆえんでもある。古代の人びとにとって、キプロス島はまさしく「銅の島」であった。

キプロス島が古代史上重要な位置を占めていたのは事実である。それは東地中海の重要な戦略拠点であるだけでなく、とくに銅という貴重な鉱物を豊富に産する地域でもあったためだ。キプロスでは一万二〇〇〇年以上前から狩猟採集文化が発達していたことが知られており、一万五〇〇〇年前に掘られた世界最古の井戸がいくつか見つかっている。この井戸は今なお使われている。マダガスカル島やクレタ島など他の多くの島で行われたのと同様に、これらの島の古代人たちは、地理的に隔絶された環境で生息していた小型のカバやゾウなど、氷期に小型化した哺乳動物を絶滅に追いやったといわれている。キプロス島では紀元前九五〇〇年のヒトと飼いネコの墓が見つかっている。キプロス島に埋葬されているネコの墓はエジプトのネコのミイラよりも古い。キプロス島のキロキティアにある新石器時代の大規模集落は紀元前八八〇〇年頃に成立したとされ、世界的にみて最も古く、かつ保存状態がよい新石器時代の大規模集落遺跡のひとつだ。

これに続く二～三世紀の間、キプロス島は古代史に登場するほとんどすべての勢力によって支配される状態が続いた。それはキプロス島の銅を得るためだった。紀元前一四〇〇年頃、ミケーネ文明期にあったギリシャが最初に侵攻し、ギリシャ文明が謎のまま崩壊した紀元前一〇五〇年頃、第二波がキプロス島に押し寄せた。キプロス島はミケーネ文明とギリシャ神話の中で重要な位置を占めている。例えば、ギリシャ神話の美と愛の女神アフロディーテはキプロス島の浜辺に打ち寄せる波の泡から誕生しているし、アフロディーテが愛した美少年、アドーニスもキプロス島で生まれたのである。ギリシャ神話では、キプロス島の王であるピュグマリオーンが彼の傑作、ガラテアの彫像を創作したのがキプロス島であったとされている。神々はピュグマリオーンの願いを容れてガラテアの彫像に生命を与えた。またキプロス島、キティオンのゼノンはストア派〔訳註：紀元前三〇〇年頃に始まった古代ギリシャの学派のひとつ〕の創始者であり、紀元前三〇〇年頃、ギリシャのアテネに弁証法哲学をもたらしたことで知られている。

紀元前八世紀の頃には、キプロス島南海岸にフェニキア人の入植地ができていた。フェニキア人は海上貿易ルートを使って貴重な銅鉱石を鉱山から買いつけて交易していた。紀元前七〇八年、アッシリア帝国がキプロスを征服したが、その後エジプトが奪い、続く紀元前五四五年、ペルシャ帝国が侵攻し、占領した。紀元前四九九年のイオニアの反乱で、サラミス王のオネシルスに率いられたキプロス軍はペルシャ帝国に反旗をひるがえした。この反乱は不成功に終わったが、キプロスはギリシャ風の文化と自治権を維持することができたのである。

紀元前三三三年、アレクサンダー大王が東方遠征でペルシャ帝国を打ち破ったとき、キプロス島のギリシャ人は歓喜の中でアレクサンダー大王を迎え入れた。しかしアレクサンダー大王の死後、その領地は将軍らによって分割され、キプロス島はエジプトのヘレニズム国家のひとつ、プトレマイオス帝国の一部に組み入れられた。紀元前五八年、ローマ帝国がついにキプロス島を征服し、キプロス島はローマ帝国とその後に興ったビザンツ帝国〔訳註：東ローマ帝国〕の一部になった。次には、イングランドの獅子心王（リチャード一世）が十字軍の第三回遠征（一一九一年）でキプロス島を奪い、聖地（エルサレム）をイスラム教諸国の支配から奪還する戦いの前線基地として利用した。リチャード一世はキプロス島をテンプル騎士団に譲渡し、その後、キプロス島は騎士リュジニャンに売却され、最終的に神聖ローマ帝国の一部になったのである。そして一四七三年から一五七〇年にかけては海洋都市ヴェネツィアがキプロス島を支配した。その後ヴェネツィアの支配は一五七〇年、六万人のオスマントルコ軍の全面攻撃によって終わりを迎え、キプロス島は再びイスラム教の支配するところとなった。

このようにキプロス島は歴史上さまざまな勢力、国家による侵攻、支配の荒波に翻弄され続けた。多くの血を流したこの間の戦いは、長く続いてきたギリシャ文明と、オスマン帝国の侵攻で広がった、より後世のイスラム教文明の間の緊張関係が主な背景・原因になっていた。最後に一九七四年に島が分断され、北東部にはトルコ系イスラム教徒が、南西部の島の大部分にはギリシャ文化の影響が色濃い住民が多数派を占める状態が続いている。

## それは海洋底の断片だった

キプロス島が銅の最大の生産地になったのはなぜだろうか。生産量の高さは早くも古代から知られていて、銅を目当てにした戦いや侵攻が数多く起きたのは事実である。キプロス島では紀元前四〇〇〇年頃から銅が採集されていたが、それは地面に転がっているほぼ純粋な自然銅の鉱石を拾い集めるだけの単純な方法だった。しかしこのような自然銅鉱石の採集は長くは続かず、当時のキプロス人は地面に転がっている自然銅の源になっていた岩石を見つけた。それはキプロス島中央部にあるトロドス山地の「オフィオライト」という岩石であった。

一八一三年、フランスの多才な地質学者、アレクサンドル・ブロンニャールはアルプスで見つかった、他とは違う性質をもつ特有の岩石を説明するのに「オフィオライト」という新語をつくった。この言葉はギリシャ語でヘビを意味する「オフィス（ophis）」に由来しているが、それはオフィオライトとよばれる一連の岩石群の大部分が、玄武岩といわれる黒っぽい岩石でできた海洋底溶岩から始まったが、そのあと変成作用〔訳註：岩石が高い温度、圧力を受けて、もとの岩石とは異なった性質に変化する作用〕を受けて、表面が滑らかで光沢をもった、ヘビの皮膚に似ていることに由来する蛇紋岩（じゃもんがん）という岩石に変化してしまったためだ。オフィオライトは、一九六八年のキプロス島での発見に続き、ギリシャのマケドニア地方、ペルシャ湾岸のオマーンなどでも発見されている。

オフィオライトはどの場合でもほぼ同じような岩石の組み合せと積み重なりの順序（層序）をもっている。オフィオライトの最上部は海底堆積物で、その下には水滴形で、ちょうど枕に似た形の溶岩（その形から「枕状溶岩」とよばれる）が続いている（図2・3A）。オフィオライトが発見された当時は枕状溶岩がどのように形成されたのかはまだわかっていなかった。しかし現在では、溶岩が水中で噴出するたびにそれらがつくり出されるのを見ることができる。

どんな検索サイトででも、「枕状溶岩　噴出」と入力しさえすれば、迫力ある溶岩の海底噴出の動画を見ることができる。水中で溶岩が流れると、どろどろに溶けた熱い溶岩が水で急速に冷やされて固まり、その表面にできた割れ目をつき破って、内部のどろどろに溶けた熱い溶岩が練り歯磨きのように流れ出す（図2・3B）。高温で赤熱状態にある溶岩は水で急速に冷却されて黒くなり、水滴ないし枕状の形ができるのである。

枕状溶岩の直下にはシート状岩脈として知られる固化した溶岩の大きな垂直な壁がある（図2・4）。その成因は数十年間わからなかった。しかし最終的に地質学者たちは、地殻内の巨大な鉛直の割れ目を満たした溶岩が冷却した結果、できたのだという結論に達した。マグマはこれらの亀裂を通って噴出して枕状溶岩を形成し、その後、割れ目で冷却されて溶岩の垂直なシート状岩脈をつくった。枕状溶岩とシート状岩脈のさらに下位はかつてのマグマだまりで、層状の構造をもつハンレイ岩でできている。ハ

**▲図 2.3**
A：海底噴火でできた枕状溶岩。カリフォルニア州サンルイス港の西の埠頭
B：海中で噴出中の枕状溶岩

▲図 2.4　シート状岩脈。キプロス島

ンレイ岩はその上位にある玄武岩と同じ化学組成と鉱物組成をもっている。しかしまだ溶融状態にあるとき、ハンレイ岩は溶岩として噴出するのではなく、マグマだまりの中でゆっくりと冷却されたため、その結晶は火山岩に含まれる結晶よりも大きく成長したのである。そしてオフィオライトの最下部はカンラン岩という岩石でできている。カンラン岩は上部マントル起源であることがわかっている。

キプロス島やその他の地域の謎に満ちたオフィオライトについては、一五〇年以上にわたって地質調査が行われ、詳細な結果が報告されてきた。それでもこの奇妙ともいえる岩石の組み合わせがどのようにしてできたのかは説明がつかなかった。この謎は一九六〇年代後半のプレートテクトニクス〔訳註：下巻第21～23章参照〕でようやく解き明かされた。地質学者は、中央海嶺で海洋底が両側に引っ張られ、互いに離れて

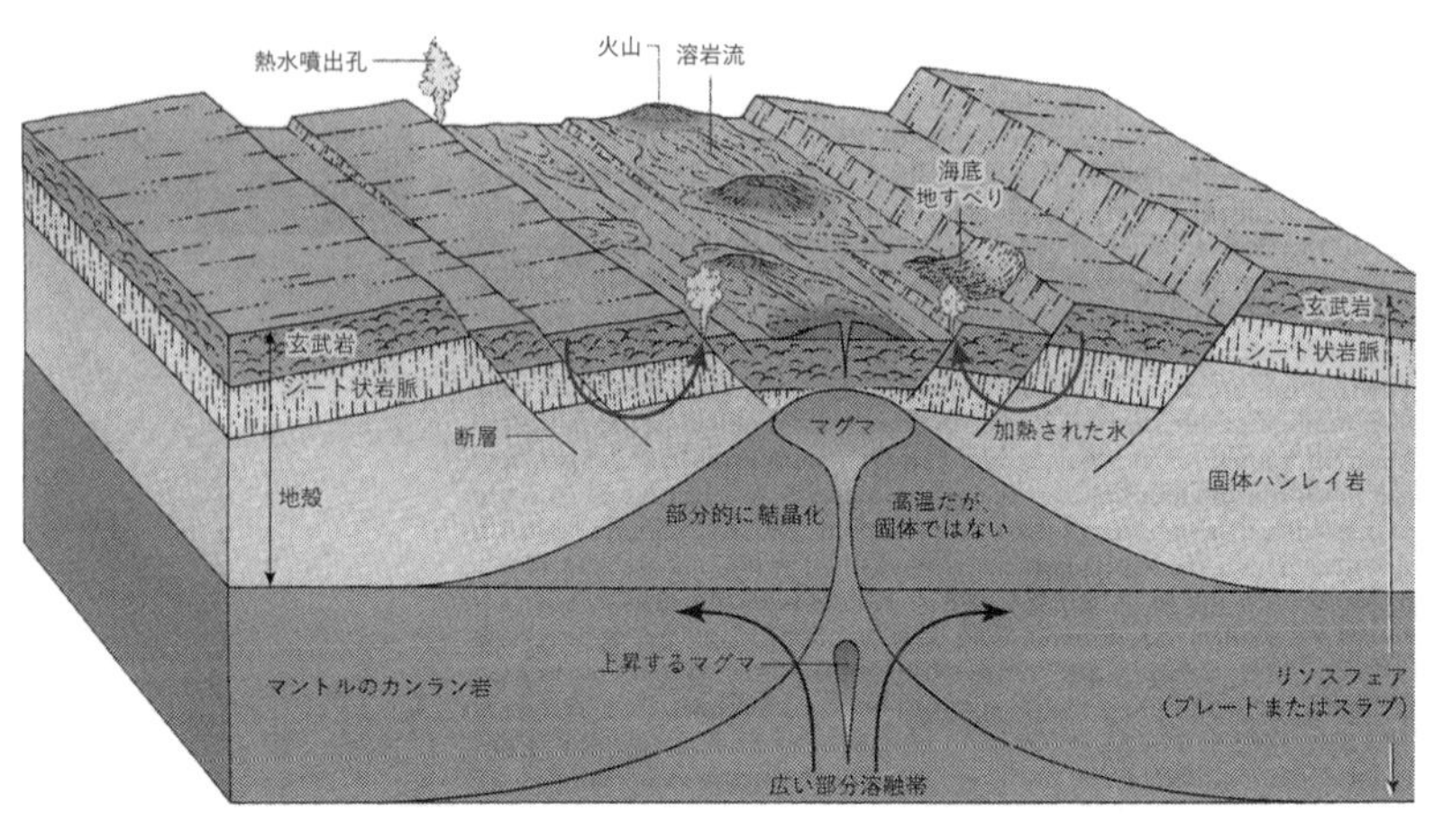


▲図 2.5　中央海嶺でのオフィオライトの形成

いくときにオフィオライトができるのだと理解し始めた（図2・5）。

　拡大中の海洋地殻の最上部は、海底で噴出し、急に冷却されてできる枕状溶岩で構成されている。その地下では海洋地殻が水平方向に引っ張られたときに鉛直な割れ目ができ、それを溶岩が満たしてシート状岩脈が形成される。いわば、これらすべての火山岩の供給源は、マグマだまりのハンレイ岩であり、さらに上部マントルに由来するカンラン岩がオフィオライトに含まれる場合もある。

　それにしても、深海底の中央海嶺でできたオフィオライトがどうしてキプロス島で陸上に露出したのだろうか。これもじつはプレート運動の結果だった。

　二つのプレートが衝突して互いに押し合うと、海洋地殻でできている一方のプレートは、沈み込み帯〔訳註：下巻第22章参照〕とよばれる、両者が衝突している境界で、もう一方のプレートの下にすべりこみ、マントルに沈み込んでしまう。沈み込むプレートの大部分はそのままマントルへとスムーズに沈み込んでいくが、そのプレートをおおっている海底堆積物の多くは切り離される、はぎとられるなどして上に載っているプレートの末端部に付加される。付加体〔訳註：第22章参照〕とよばれるものがこれである。

しかし場合によっては、沈み込んでいくプレートから切り離された海洋地殻の断片が付加体に押しこまれることがある。このような例はカリフォルニア州東部のシエラネバダ山地の山麓部、北部のクラマス山地などのオフィオライトにみられ、とくに太平洋岸の海岸山地では顕著な例が知られている。これらのオフィオライトはカリフォルニアがかつて沈み込み帯であったときに形成されたものである。また二つの大陸が衝突し、その間にあった海洋地殻が衝突帯に取りこまれ、その後上昇して山地となることでもオフィオライトが形成される。キプロス島のオフィオライトがその例で、アフリカプレートがユーラシア大陸のアナトリアプレートと衝突して陸上まで上昇したものだ。

## 深海底で──オフィオライトが銅などの鉱石に富むわけ

オフィオライトが中央海嶺でのプレート拡大境界に起源をもっていることは、現在活動中の海嶺で行われた一九七〇年代以降の数多くの観測・観察で確かめられている。しかしキプロス島のように、オフィオライトはなぜ銅などの鉱石に富んでいるのだろうか。この謎は海洋底でのドラマチックな発見によって一九七七年に解き明かされた。水深四八〇〇メートルまでの潜航能力を備えた探査用小型有人潜水艇「アルビン」に乗船して、ウッズホール海洋研究所の研究者たちは中央海嶺上の海底を数時間にわたって調査した。

その深さではすべては暗黒の闇の中にある。水温は水の氷点をわずかに上まわっているにすぎない。深海底では海水の重さが膨大になるため、この深海では一平方インチ〔訳註：約六・五平方センチメートル〕あたり五八〇〇ポンド〔訳註：約二六〇〇キログラム〕の圧力——海面での大気圧の約四九〇倍の圧力が働く。深海探査のために特別に設計・建造されていたので、この水圧の下でもアルビンはペシャンコに押しつぶされてしまうことはなかった。

さて、アルビンに乗船した研究者たちは海底に広がる枕状溶岩を観察しただけではなく、さらに驚くべきものを発見した。それは鉱物粒子に富み、沸騰した黒い流体が、黄鉄鉱（「愚か者の金」などといわれる硫化鉄：$FeS_2$）などの硫化鉱物でできた「チムニー」という煙突状部の先端から勢いよく噴き上がっている光景だった（図2・6）。

「ブラックスモーカー」というニックネームがつけられたチムニーは、冷たい海水が割れ目を通って地下にしみこんで地下のマグマの熱で熱せられた結果、硫化鉱物に富む熱い流体として噴出したものである。ブラックスモーカーは黄鉄鉱だけではなく、硫化銅（コベライト：$CuS$、輝銅鉱：$Cu_2S$、黄銅鉱またはカルコパイライト：$CuFeS_2$）、硫化亜鉛、鉛の硫化物のほか、マンガン、銀、金などの金属も含んでいる。これらの鉱物や元素は、割れ目にしみこんで超高温に熱せられた水によって地殻を構成する岩石から溶け出して、熱い溶液が冷たい海水に接したときに結晶になってできたものである。

さらに驚くべきことが見つかった。ブラックスモーカーはそれまで科学界でまったく知られていなか

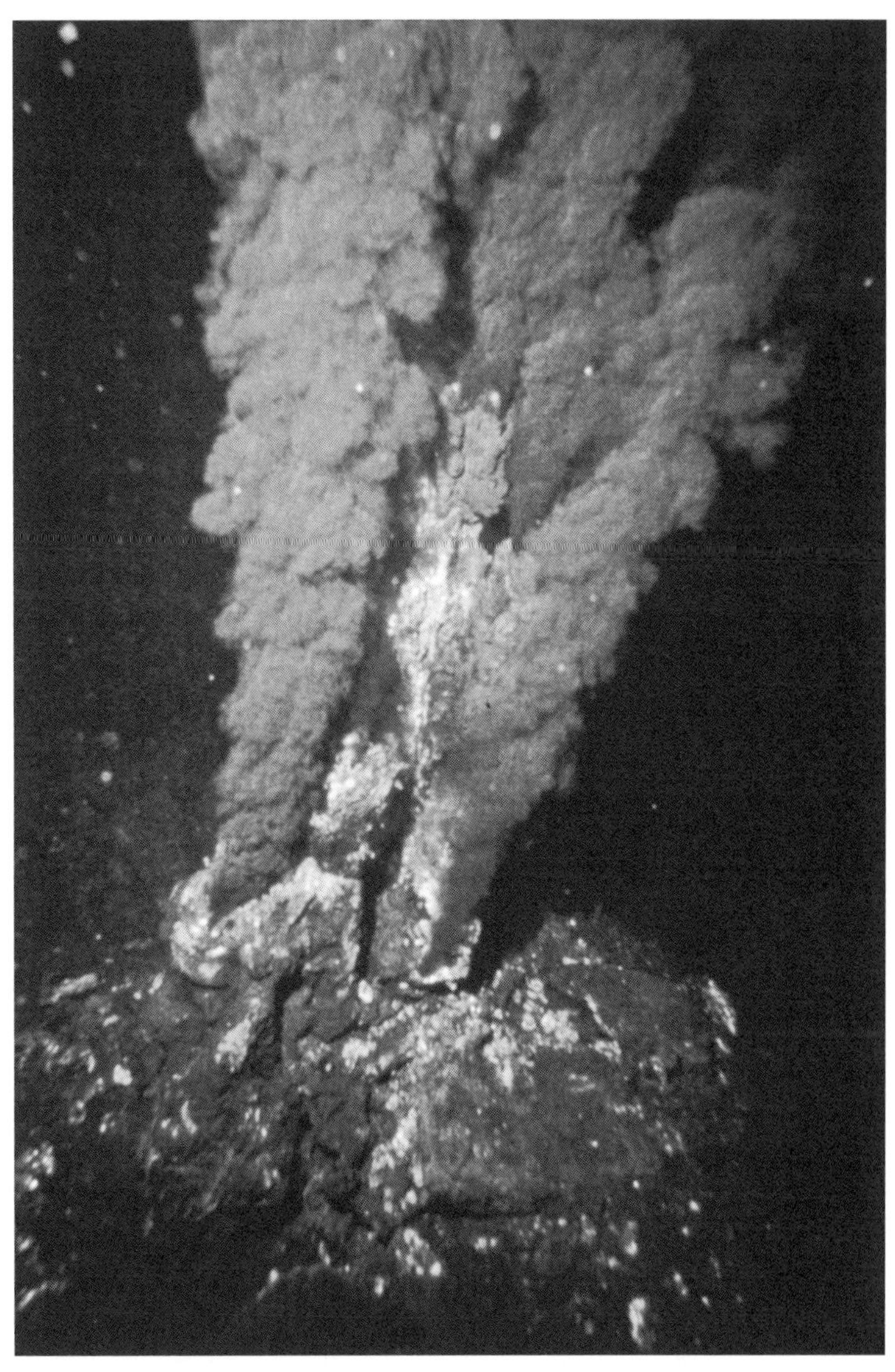

**▲図 2.6**　中央海嶺では、超高温に加熱された海水が硫化鉱物に富む「ブラックスモーカー」となって噴出する。硫化鉱物は沈殿してチムニーを形成する

った生物集団に栄養を与えていたのである。その生物集団は、一メートルを超える巨大な二枚貝、長いチューブワーム〔訳註：深海の熱水噴出孔などに生息し、共生細菌がつくり出す栄養を利用する環形動物門多毛綱の化学合成生物〕、色素欠乏の奇妙なカニなど見たこともない生物ばかりだった。一九七八年に、大学院生だった私はウッズホール海洋研究所でのセミナーに参加し、このとき科学者たちがこの奇妙な生物集団を同僚に紹介していたのを鮮明に記憶している。

科学者たちは、この奇妙な生き物たちが中央海嶺の熱水噴出孔にのみ生息する独特の生物群集をつくっていることに気づいた。多くの生態系では、光合成によって太陽光を有機物に変える植物が食物連鎖の底辺を担っているが、この奇妙な生き物たちは太陽光線がまったく届かない世界で生息しているのである。彼らは植物による光合成ではなく、硫黄還元バクテリアから始まる食物連鎖に依存していることがわかった。

この種類のバクテリアは、驚くべきことに硫黄に富む高温の海水中に生息し、湧き上がった熱水のエネルギーを化学合成作用によって炭素に変化させる。この深海の熱水噴出孔では、食物連鎖の上位にいるすべての動物はこれらのバクテリアまたはそれを食べる小さな生物から栄養を摂取していることがわかった。つまり、食物連鎖のピラミッドの底辺は植物で支えられているというそれまでの一般常識は深海底では通用しないということだ。熱水噴出孔近くで見つかったのは、植物に依存する光合成生物群ではなく、バクテリアに依存する化学合成生物群だった。

ブラックスモーカーはキプロス島のオフィオライトが銅を豊富に含む原因も解き明かした。ブラックスモーカーは鉄、銅、亜鉛、鉛、マンガンやその他の金属の硫化物を自然に濃縮する。加熱された海水はこれらの金属を溶かしこんでおり、ブラックスモーカーのチムニー内部にそういった金属が沈殿する。言ってみれば、古代のキプロス島の銅鉱床の労働者たちはそうとは知らずに、プレート運動によってキプロス島のトロドス山地の頂上にまで上昇した、過去のブラックスモーカーを含むジュラ紀の海洋地殻から富を得ていたのだ。

# 第3章 錫鉱石（すず）
# ランズ・エンドの錫と青銅器時代

かつて青銅は現代の石油と同じくらいに貴重な原材料だった。

――考古学者 クリスチャン・クリスチャンセン
〔訳註：北欧の青銅器時代から鉄器時代を専門とするスウェーデンの考古学者〕

## 「地の果て」の錫

古代、海を渡る旅は恐ろしい仕事だった。海岸から遠く離れて航海することはできなかった。人びとは小さな帆を備えた船やオールを漕がせる奴隷の乗組員を乗せた船でゆっくりと航海した。しかも海図は貧弱なものだった。ほとんどの古代の文明は陸路を利用して伝播し、また戦いには水軍ではなく、陸上部隊が送られた。たくさんの島々の間を航海した東地中海のフェニキア人やギリシャ人など少数の文明が重要な海洋文明を発達させた。しかし優れた地図を最初に使ったフェニキア人の海洋文明でさえ、東西方向の経度やその地図の上で現在位置を正確に知る方法をもっていなかった。そのため、彼らは開けた海の短い距離または可能ならいつも海岸線の近くを航海したにすぎなかった。

ローマ帝国は地中海を取り囲む地域すべてを征服し、地中海に面した海岸すべてを支配していたので、地中海を「マレ・ノストロム」または「われらが海」とよんだ（彼らの帝国の中央にあったので、ローマ人の「地中海」という名前は文字通り「国土の真ん中の海」を意味する）。しかし、よく訓練された陸上軍団に頼るところが大きく、彼らは限られた海軍力しか必要としなかった。

当時の人びとにとって地球の果てだった、大西洋という未知の海域をあえて冒険する地中海の船乗りはほとんどいなかった。じつは「大西洋」という名前はおそらく、その両肩に天地を背負わされた神をアトラスと名づけた、古いギリシャ神話に出てくるタイタン族の神話に由来するのだ。ジブラルタル海峡を横切るアトラス山地は彼にちなむものだ。その一二の功績のひとつとして、ほんの短い間だけアトラスからこの重荷を取りのぞいてやったというヘラクレスのギリシャ神話を反映して、海峡にそびえ立つ岩山（スペインではジブラルタルの岩、北アフリカではモロッコのヘベルムサ山）は別名「ヘラクレスの柱」とよばれる。これらの危険な水域の向こうには誰も知らない世界があると信じられていた。古代ギリシャの哲学者プラトンが「ヘラクレスの柱」の向こうに謎の大陸アトランティスを想定した理由のひとつがこれだ。

それにしてもキプロス島で銅鉱石を発見した海洋国家群はもうひとつの金属鉱石、錫石も見つけようと躍起になっていた。銅とまぜられた錫（五～二〇パーセントの錫と残りが銅）は、当時どんな金属よりも硬く、しかも銅や錫よりも成型が簡単だった。その青銅という合金をつくるのに錫が欠かせなかったので、古代世界では錫は計り知れないほど重要なものだった。この最初の合金は祭祀用の道具や武具として細工することができ、人びとを青銅器時代へと導いたのだ。

錫の需要は途方もなく大きかったが、ヨーロッパの他の地域ではたいへん希少な金属だった。とくに地中海地方の錫鉱床が枯渇したあと、多くの貿易商人が錫鉱石を見つけようと遠くへと航海した。フェニキア人がイギリス南西部の錫鉱床に最初にたどり着いたが、商業上の理由から彼らはその錫という富の出所を厳重に管理し、貿易上の秘密として守った。言い伝えによると、カルタゴ（現在のチュニジアにあったフェニキア人の都市国家）から来たある船長は、ギリシャ人やのちのローマ人の船に追尾されたとき、ローマ人の船が貴重な金属の秘密の出所を見つけてしまう危険性よりむしろ自分の船を難破させようとしたほどだった。地中海の支配をめぐってフェニキアと戦っていたギリシャは、彼らが「キャシテライズ」とよんだ土地を伝説の「錫の島」として知っていたが、その場所を知らなかった（図3・1）。多くの古地図が示すように、当時の船乗りたちは、キャシテライズは島であって、彼らがのちにその東から発見して「ブリタニア」とよんだ土地の一部がキャシテライズだとは思わなかった。これがイギリス諸島についての古代史での最初の記述である。――錫の島。

しかし、フェニキア人の伝説的な錫の産地については古代の著述家によってさまざまに議論されてきた。紀元前五〇〇年、ミレトスのヘカタイオスは、ガリア地域の向こうにある錫が得られた土地について書き記した。その後の航海記によると、紀元前三二五年頃マッサリアのピュテアスが、活発な錫の交易を発見したイギリス諸島に出航している。ギリシャの天文学者で、地理学者でもあったポセイドニウ

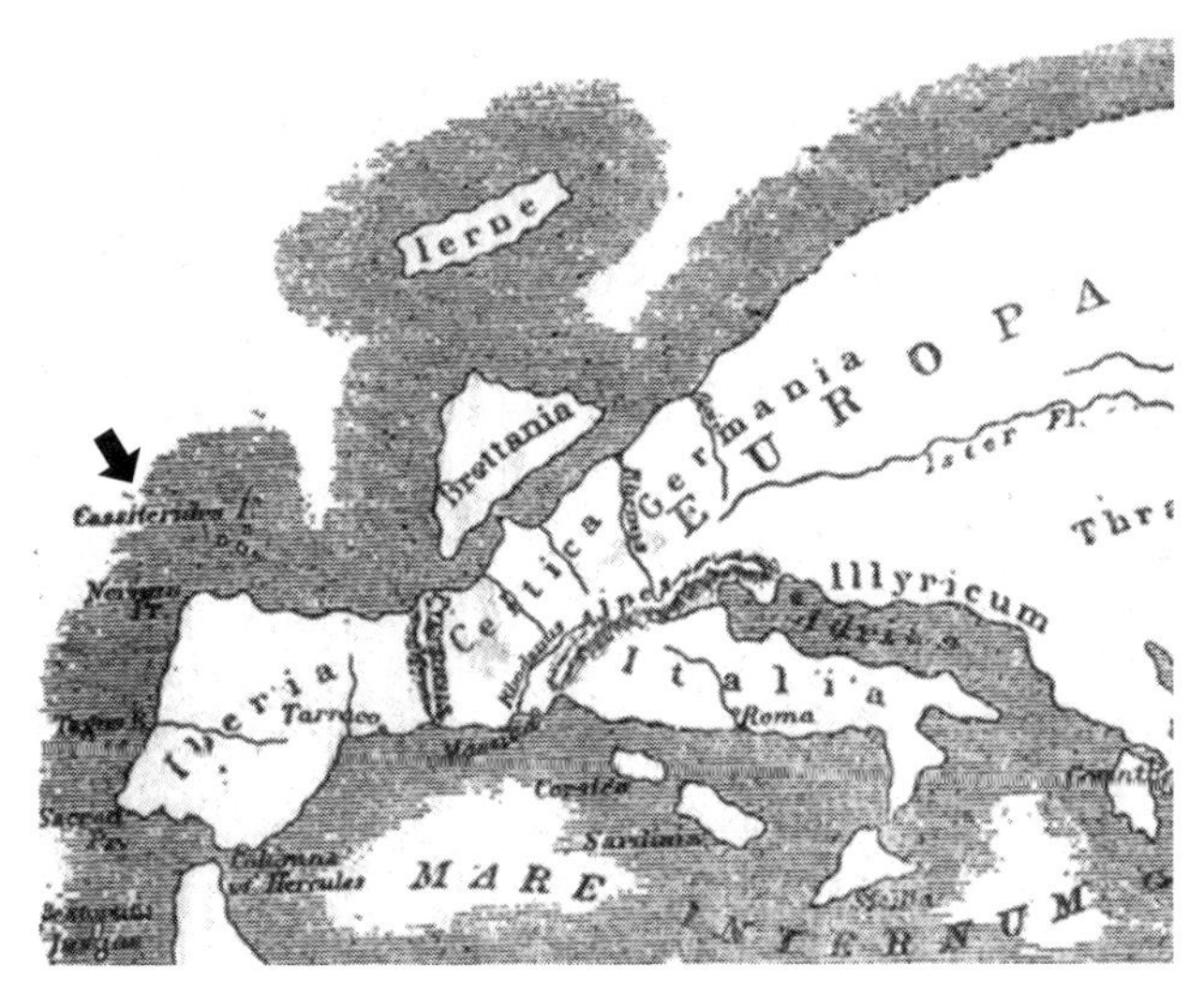


▲**図 3.1**　ストラボンの大著『地理誌』（紀元前 23 年）の古世界地図
この地図では「ブリタニア」（イギリス諸島）から離れた位置にキャシテライズが図示されている（矢印）。この地図からコーンウォール地方が古代の人びとの目にどう映っていたのかがわかる

スは紀元前九〇年頃のイギリス諸島との錫貿易について述べている。

多くの後世の学者たちも、どの地域が本当のキャシテライズだったのかを推測した。キャシテライズとはシチリア島のことだと考え、これはフェニキア人が錫をイギリスと交易していたことを示すものだと主張する者もいた。しかし小規模な試し掘りをのぞいて、シチリア島に錫鉱床はない。ずっとあとになって、「キャシテライズ諸島」とはじつはイギリス南西部のコーンウォール半島のことであり、まったく島ではなかったことがようやく明らかになった。

イギリスの錫採掘は紀元前一世紀の頃の歴史家、ディオドロス・シクルス〔訳註：シチリア島生まれの紀元前一世紀頃の古代ギリシャの歴史家〕によってこう述べられている。

他国から訪れる人びととの会話を行うことから、ベレリオン地方の岬に住む人びとは他の人びとよりも文明化しているし、訪問者に対するふるまいが礼儀正しい。彼らこそが、たいへんな慎重さと苦労を払って地面から掘り出す錫を調合し、土をまぜて溶かし、純度を高める人びとなのだ。そして錫を同じ大きさの塊に鋳造し、潮が引くと陸地とつながってしまう近くのイクティスといわれる島まで大量の錫を荷車に乗せて運ぶ。

錫鉱石は紀元前二一〇〇年にはすでに、イギリス南西部（デボン地方とコーンウォール地方）でほとんど地元のケルト人によって採掘されていた。彼らは現在レバノン、シリアとよばれる地域から来たフェニキア人と交易していた。のちに、コーンウォール地方産の錫の交易は、古代のコーンウォール地方と共通の言葉や文化をもっていたフランス北西部ブルターニュ地方のブルターニュ人、すなわちベネト人の手にゆだねられることになった。イギリス諸島の南西部は氷河期でも氷河におおわれず錫鉱石は地表近くにあったが、氷河が移動させることはなかったし、また錫鉱石が氷河由来の土砂でおおわれることもなかった。鉱石は渓流の石ころとしても産出した。それは先史時代の人びとが探し出した最初の錫鉱石だったが、その後には鉱山労働者が錫の鉱脈に直接届くような浅い溝を掘り始めた。

採掘は古代を通して、その後、中世そして二〇世紀まで続いて行われた。採掘事業はたいへん重要だったので、一三〇五年、エドワード一世は錫鉱山を管理し、統制する錫計量所と錫鉱山監督署を創設した。それらは何世紀にもわたってデボン地方、コーンウォール地方の主要な政治形態だった。錫鉱山労働者は地下深く溝状に掘られた坑道から地表浅いところの錫鉱石を削り取って、その後水車で動く砕石装置を使って鉱石を処理していた。粉砕された鉱石は次に精錬装置で溶かされ、カコウ岩製の鋳型に流しこんで粗鉱の鋳塊（ちゅうかい）に加工された。それらは重さと純度の検定のために監督署に持ちこまれるのだ。

　錫鉱山の富は魅力的な標的だった。一四九七年、ヘンリー七世は錫鉱山に対する税を引き上げ、錫鉱山監督署が決めていた過去の規則を反故にしてスコットランドでの戦費を賄おうとした。これに反発したコーンウォール地方の鉱山労働者たちはたいへん怒り、王に対して反乱を起こした。反乱軍はイギリス島南部を進み、事実上数週間は向かうところ敵なしだった。反乱軍はブリストルの北に進出し、退却前には南東部のケントにまで達していた。

　一四九七年六月一七日、コーンウォール反乱軍はついにロンドン近郊、デプフォード橋の戦いで国王を支持する二万五〇〇〇の兵と対峙した。デプフォード橋と戦場は、ロンドン南東部の都市化で長く所在がわからなかった。この戦いでは、反乱軍は国王側よりもはるかに少ない人数で、騎兵も砲兵もいなかったため、形勢不利になることは最初からわかっていた。コーンウォール側の射手は、デプフォード橋を渡ろうと試みた国王軍を寄せつけなかったが、近くに応援部隊はおらず、二〇〇〇人の兵士が戦死して、反乱軍はたちまち圧倒されて散り散りになってしまった。

## ナポレオンが考案した錫の缶詰

一四九七年の戦いはコーンウォールの人びとの王族に対する最後の公然とした戦いだったが、コーンウォール地方の人びとは独特の言語と地域文化をもった誇り高く、強い民族だった。彼らは自分たちをつねにイングランドの他地域の人びととは明確に異なっていると考えていたし、全コーンウォール地方の誇りをもって黒地に白の十字が入った旗を掲げている。後の時代になって、コーンウォール地方の人里離れた小さな入江や村は、国家の税金や関税から逃れようとする密貿易人にとって絶好の隠れ場所になったので、コーンウォール地方で働く者の中にはたくさんの荒くれ船乗りがいた。彼らはギルバートとサリバンの有名なオペラ、「ペンザンスの海賊」のヒントになった。

一七〇〇年代から一八〇〇年代、錫は青銅器製の武具ではなく、鉢、カップ、皿、調理用具、自動車部品に使われた白目（しろめ）（八〇～九〇パーセントが錫で、残りは銅、アンチモン、鉛を含む合金）を製造するために大きな需要があった。しかし最大の需要は、空気を遮断した容器に食品を密封するのに必要不可欠だった「錫の缶」や「錫の薄膜」（錫箔）での使用にあった。現に錫は戦争の方法を変え、一七〇〇年代から一八〇〇年代の巨大帝国の出現を可能にしたといわれている。錫缶は陸軍や海軍の長い航海や作戦行動中の食料供給を可能にした。十分な食料を入手することはつねに戦略上の課題で、実際に錫缶はナポレオン・ボナパルトの要請で考案された。ナポレオンの有名な言葉に「腹が減っては戦ができぬ」というものがある。

錫は簡単に溶け、鋳型にはめ、加工するのが容易な金属だったし、腐食しなかったので、多くの他の道具や製品に使われた。何世代にもわたってヨーロッパの少年たちは、アンデルセン童話「しっかり者のすずの兵隊」のような錫の兵隊で遊んだ。アルミ箔が普及する前は錫箔が容器を密封するために使われる箔の主要なタイプだったし、錫箔は電気製品にも使われていた。多くの人びとがアルミ箔を今も錫箔とよぶ。この時代、「ウェールズの炭鉱労働者」と肩を並べて、「コーンウォールの錫鉱山労働者」はイギリス文化で広く使われた慣用句になった。現在でも鉄製容器の非腐食性の内張り材、電子製品のはんだの材料として錫は限られた量ながら使われ続けている。例えば、アップル社のｉＰａｄには一～三グラムの錫が使われていて、わずか一つの部品だけでも七〇〇〇カ所のはんだづけ接着点がある。錫は現在製造されているほとんどの電子製品には、いまなお最も重要な金属なのだ。

そうは言っても、アルミニウムが登場・普及すると、錫缶や錫箔がアルミニウムと交代し、世界での錫の重要性を低下させた。コーンウォール地方の錫鉱床は埋蔵量がたいへん減少して、価格低落と販路縮小に直面して採掘の価値がなくなってしまい、一九二〇年代には鉱山の閉鎖が始まった。加えてペルーとボリビアで巨大な錫鉱床が見つかり、二〇世紀の大半にわたってこれらの地域を錫王国にした。やがて、大きな埋蔵量をもった錫鉱床が中国、オーストラリア、マレーシアなどで発見された。アフリカで政府軍と戦う武装グループによる搾取を引き起こした巨大錫鉱床がコンゴで発見された。二〇一〇年代、世界の錫の大半は中国、インドネシアで生産されている。

# 錫鉱石の起源は？

コーンウォール地方とデボン地方はヨーロッパでの錫の主要な産地だった。錫鉱石は直接的には、ダートモアやランズ・エンドでみられる石炭紀〜ペルム紀のカコウ岩の貫入によるものだ。この貫入活動は、バリスカン造山運動のときにアルモニカ（ゴンドワナ大陸の断片で、古生代末にローラシア大陸に衝突した）という名前のマイクロプレート（大型のプレートのすき間を埋めるように分布する小型のプレート）の一部がイギリス南部に衝突したときに発生した。衝突の結果、その岩石を強く破壊し、そこに山地の根底部から溶けたマグマを貫入させたのだ。

カコウ岩の貫入は多様な元素に富むマグマのたくさんの岩脈〔訳註：既存岩石の開口割れ目などにマグマが侵入し、脈状体になったもの〕を地表近くにまでもたらした。岩脈は地下水を超高温に加熱し、加熱された地下水が周囲のデボン紀の基盤岩層にしみこんで、希少な元素が濃集し、脈状体中に鉱物を沈殿させて、熱水鉱床が形成されるのだ。岩脈は銅、鉛、亜鉛、銀に富むことが多い。コーンウォール地方とデボン地方は、その名前を古い伝説の島キャシテライズから得ている鉱物、キャシテライト（錫石、$SnO_2$）の形の錫の世界最大の鉱床のひとつとして有名だ。キャシテライトは、双晶〔訳註：二つ以上の同じ種類の単結晶が一定の角度をもって規則的に接合している結晶の形〕を形成し、時には二つのピラミッドの底面どうしがくっついた両錐形の結晶を形成することがあり、人目をひく金属光沢をもった銀灰色の鉱物だ（図3・2）。

▲**図 3.2**　キャシテライト結晶または錫酸化物の双晶

コーンウォール地方の錫鉱山のほとんどが閉山してしまったが、今でもそれらを訪ね、イギリスの産業の発展に貢献したかつての誇り高く、力強い産業だったものを見学できる。観光ツアーには、イギリスの最西端であるランズ・エンドのすぐ北にあるコーンウォール地方のギーバー鉱山が開放されている。ギーバー鉱山は一八四〇年から一九九〇年に操業し、全盛期にはイギリス最大の錫鉱山のひとつとして稼働中に五万トンを超える錫を生産した。一八八〇年代には鉱山ではほぼ二〇〇〇人の労働者が働いており、ピーク時には二七〇人が雇われていた。現在、鉱山はユネスコによって世界遺産に登録され、そこで働いていた鉱山労働者やその子息による昔の錫採掘の様子のガイド付き見学ツアーが行われている生きた歴史のスポットだ。

錫の採掘はつねに危険で、汚く、辛い作業だった。地表採掘の場合でも、林業従事者、水源管理者、牧畜業者との争いが発生した。すべての地下採掘は、鉱脈を追いかけて地下深くに向かって掘り下げられた狭い縦坑で行われた。地表での最も有名なランドマークは、機械類とともに坑内作業員と採鉱用具を乗せたゴンドラを地下に下降させ、採鉱作業中には鉱石を満載したトロッコを地上に引き上げるケーブル巻き上げ機が設置されていたギーバー鉱山の巻き上げ櫓だ（図3・3）。錫鉱石の採掘はもともとツルハシとシャベルを使って岩盤を穿孔して行われていたが、最終的には水圧式削岩機とハンマーがダイナマイト装着用の穴の穿孔に用いられた（図3・4）。何十年もの間、この穿孔作業が大量の粉塵を発生させ、珪肺に冒されたため坑内作業員は短命だった。最終的には水冷式削岩機の採用が粉塵の問題を取りのぞき、坑内作業員の死亡率を低下させた。

一日の作業の終わりに、坑内作業員は発破孔にダイナマイトを装塡し、縦坑から避難した後、ダイナマイトを爆発させた。発破による粉塵が夜の間に静まった後、坑内作業員は翌朝再び採鉱作業に戻り、地表に運び上げられる鉱石と捨て石をトロッコに積みこむのだ。彼らは鉱脈を探りあて、地下水を排水する水平なトンネル（横坑）を掘り進まなければならなかったし、これらのトンネルは、より深部の鉱脈を見つけるのに役立ち、同時に排水設備としても機能した縦坑に連結された。主要な縦坑から複数の短い横坑が掘り進められて、ストーピング掘削法として知られている技術で鉱脈に到達することがある。長い操業期間にギーバー鉱山ではどんどん地下深部の鉱脈が掘り進められた。最終的には総延長ほぼ一三六キロメートルの横坑があり、その多くは海水を取りのぞくためのポンプによる排水が必要とされる海底下の深部の鉱脈を追跡するものだった。一九二〇年代、世界で最も深かったドロコースのような他の鉱山は地表から一〇六七メートルの深さにまで達した。

岩石を満載したトロッコが地表に着くと、原石は細かな砂粒ぐらいの大きさにまで破砕する粉砕機に

▲**図 3.3**　コーンウォール地方のギーバー鉱山の巻き上げ櫓

▲**図 3.4**　地下切羽（きりは）での錫鉱石の採掘風景

投入される。問題は錫鉱石と捨て石を選別することだ。ほとんどの場合、粉砕されたあとに、比重が大きい金属鉱物と軽い捨て石を選別する水を使った浮遊選鉱装置に鉱石が一気に流し出された。古い鉱山には粘土で縁取りされ、密度が高い金属鉱物をより軽い鉱物から選別するのに使われていた一連の大型の沈殿槽とよばれる水を満たした池があった。

　有用な鉱物を得るためには、莫大な量の鉱石を処理する必要があった。コーンウォール地方の鉱山では、錫の品位〔訳註：鉱石中に含まれる目的とする鉱物、金属の含有量。鉱石一トン中のグラム数で表す〕は一パーセントかそれ以下が標準的で、一トンの純粋な錫を得るには一〇〇トンの原石を採掘しなければならなかった。

　ギーバー鉱山のようなより近代的な鉱山には、粉末になった鉱石をさざ波型の板でおおわれた水盤の上に流し、水盤の上流の下にかけられた磁場を使って、非磁性鉱物を捨て石集積場に流し出す一方で、磁性鉱物を拾い出す数百もの磁力式選鉱装置（図3・5）を備

▲図 3.5　ギーバー鉱山の磁力式選鉱機
装置の側面の溝状の部分は比重が大きい錫鉱石のような鉱物と比重が小さい捨て石とを選別するのに役立つ。テーブルの下に装着された磁石でテーブルの最上部に金属鉱物が集められ、捨て石が水とともに流れ落ちる

えた建物があった。最終的には、濃集した金属質の残留物が集められ、溶解されたあと、違う種類の金属（錫、銅、鉛）に分別され、市場に出荷される鋳塊に鋳造する精錬所に送られる。

コーンウォール地方の採鉱地帯の弱点のひとつは、精錬所にエネルギーを供給する地元産の石炭や他の燃料がなかったことで、彼らは処理済みの鉱石を最終的な精錬のために他の地域に積み出さなくてはならなかった。

## 錫王国の瓦解

収益性が高い高品位の鉱床がボ

リビア、東南アジアで発見されると、二〇世紀の初めにはコーンウォール地方の錫鉱山では収益がどんどん低下するようになった。それでもなお、コーンウォール地方では二〇世紀のほとんどの期間ずっと錫の採掘が続いた。錫の価格の一部は、内部的に錫の世界的な生産調整を行って商品価値を維持し、商品市場での価格をつり上げる国際錫理事会という国際的なカルテル〔訳註：企業・事業者が独占目的で行う価格、生産計画の協定〕が支えていた。必要があれば、彼らは価格維持のためにコーンウォール地方やマレーシアの余剰在庫品を買い上げていた。

しかし安いアルミニウムがいろいろな製品に使われて、錫の需要は着実に下落していた。開発途上国の採掘業者は高いコストで生産されたコーンウォール地方の錫よりも価格を安くしていた。結局、在庫品の売却と価格維持のための国際錫理事会の資金がなくなり、復活させるための努力にもかかわらず一九八五年一〇月、価格カルテルは突如破綻してしまった。開発途上国の安い労働力と限られた需要のために、現在では錫の価格はさらに下がっている。これが鉱山労働者の災害の増加をもたらし、とくにインドネシアでは鉱床がより深部に移って、災害の危険度が増加した。インドネシアでは今でもツルハシとシャベルを使って錫鉱石を採掘する鉱山労働者は、一日たったの五ドルの賃金で働いており、坑内転落事故を防止する露天掘り採掘でのベンチカット採鉱法のような保安基準もない。二〇一一年にはこうした鉱山で毎週一名の事故死亡者が出ていたが、鉱山を規制する、または彼らの安全性を改善する推進力はない。

一九八五年の錫カルテルの瓦解はコーンウォール地方とデボン地方での錫産業に終わりを告げた。デボン地方で最後まで錫を生産した鉱山は、一九八〇年代にプリンプトン近くにあったヘマドン鉱山だった。サウスクロフティで錫を生産したコーンウォール地方最後の鉱山は、一九九八年に閉山した。

ギーバー鉱山のような鉱山遺跡の見学ツアーに参加すると、最も強い印象を受ける最後の見学地点は、一九八六年、事前の通告もなく全山が閉山されたとき、最後の入坑後に労働者たちの多くが採鉱道具や作業着を残していったロッカールームだろう。今でも鉱山労働者たちやツアーガイドは、錫の価格暴落前の内部情報から金持ちの投資家、鉱山主、価格カルテルの製品売買業者が利益を得たのではないかと不平不満をもらすが、労働者たちには何の通告もなく、閉山後の将来もなかった。一九九九年頃に書かれたコーンウォール地方の鉱山外の落書き曰く、「コーンウォールの若者は漁師で、コーンウォールの若者は鉱山労働者でもある。しかし、魚や錫がなくなったらコーンウォール地方の子どもたちはどうやって暮らせばいいんだ」。

悲しみの記憶がよみがえるコーンウォール地方の丘陵を訪れ、長く放置されたままの採鉱設備すべてを見ることは酔いから醒(さ)めるような体験だ。それは青銅器時代の幕開けを告げ、産業革命に力を与え、錫缶に保存されている食料を陸軍と海軍の兵隊に供給し、そして今なお電子製品の最も重要な金属のひとつである錫の長い歴史の最終章だ。われわれはもはや青銅器時代にいるわけではないが、コンピューター時代でも錫はなおも重要なのだ。

# 第4章 傾斜不整合

## 「始まりは痕跡を残さず」——地質年代の途方もなく膨大な長さ

時間の深淵をのぞきこむとき、私はその長さに眩暈(めまい)を覚えてしまう。

——ジョン・プレイフェア

### ものごとの始まり

ほぼ二〇〇〇年もの間、地球の起源と歴史についての指針として、聖書の文字通りの解釈にほとんどすべての学者たちは従っていた。一七〇〇年代の半ば以降でも、博物学者たちは、アダムの原罪による侵食と崩壊をのぞけば、地球は完全無欠かつ永遠不変の存在で、しかもその年齢はわずか二〇〇〇〜三〇〇〇年でしかないと思っていた。キリスト教の教理によると、地球は完璧であり、未来永劫にわたって変化しない存在であるはずである。当時の多数意見を代表する優れた博物学者、ジョン・ウッドワード（一六六五―一七二八）は一六九五年、次のように述べている――大地と水でできている地球は今日まで、大洪水が残した状態からほぼ何も変わっていない。つまり、最初に天地が創造されたときの状態が変わることなく終末まで続くのだ。

地球の年齢についての考えは聖書の教理で述べられている。例えばアイルランド、アーマー地区のイギリス国教会の司教（当時、アイルランドでは大半がカソリック信者で、彼が奉仕すべきイギリス国教会信徒はとても少なかった）のジェームズ・アッシャー（一五八一―一六五六）は、天地創造が紀元前四〇〇四年一〇月二三日に行われたことを計算するのに聖書の中の三人の族長〔訳註：旧約聖書に登場する古代イスラエル人の開祖〕の年齢を使った。別の聖職者、ジョン・ライトフットは天地創造が行われたのは午前九時であったとしている（これらの聖職者は、太陽や地球が存在する前にどのようにして昼と夜を認識したのかを説明していない）。

もちろん天地創造からノアの大洪水までにどれほどの時間が過ぎたのかを聖書は一貫した説明はしていないし、時間だけを後回しにしてしまっていた。そのため、たくさんのあて推量の話が生まれた。しかし、アッシャーによる推定は当時の学界では傑出した考えだった。彼の推定にはヘブライ人、バビロニア人、ペルシャ人、ギリシャ人、ローマ人の歴史で知られていることが組みこまれており、天地創造が紀元前四〇〇四年に行われたとする良心的な企てによるこの見積もりをわれわれは尊重しなければならない――たとえそれが現在われわれの知る地球の年齢に比べて彼の推定値が約一〇〇万倍も短いものだったとしても。

## 啓蒙時代──教会・貴族社会 vs 学者・科学者

ヨーロッパを支配する教皇の権威は一世紀以上にわたってこの推定が問題にされなかったことに象徴されていた。しかし啓蒙時代には、学者と科学者に対する宗教的教理の締めつけは弱くなった。一七七九年、ビュフォン侯爵ジョルジュ＝ルイ・ルクレード（一七〇七―一七八八）は、地球が七万五〇〇〇年ほどの年齢で、聖書の年代学にもとづいたものよりも少なくとも一〇倍は古いと述べた。

一八世紀の半ばになると、学者や科学者は、教会と貴族社会の権威に疑問をもち始めた。彼らは合理主義、物的証拠、批判的思考方法を使って、キリスト教・教皇の権威主義とものごとのありように疑問を抱いた。そして人間の知識の源泉とは何か、政府と宗教指導者の権力の正当性、過去数世紀にわたって問題にされなかった前提事項を問い直すことに全力を注いだ。

フランスではサロンを基礎にして啓蒙運動が行われ、ボルテール（一六九四―一七七八）、ジャン＝ジャック・ルソー（一七一二―一七七八）、モンテスキュー（一六八九―一七五五）など多くの指導的知識人の貢献が得られたドゥニ・ディドロ（一七一三―一七八四）の編集による『百科全書』の刊行で最高潮に達した。イギリスの啓蒙運動はアイザック・ニュートン（一六四三―一七二七）による物理学と、われわれの宇宙に関する認識の転換に触発されて始まった。

また啓蒙運動はジョン・ロック（一六三二―一七〇四）にも率いられ、その政府と宗教に関する思想がトーマス・ジェファーソン（一七四三―一八二六）、ベンジャミン・フランクリン（一七〇六―一七九〇）、その他のアメリカ建国の父と呼ばれた人びとなど啓蒙運動を志向したアメリカ人に刺激を及ぼした。その中には、アメリカでのイギリスによる支配のみならず、宗教と聖書に対する論争をも出版したトマス・ペイン（一七三七―一八〇九）もいた。ドイツでは、イマヌエル・カント（一七二四―一八〇四）がドイツ語圏での哲学に革命的な変化を及ぼし、またゴットフリート・ライプニッツ（一六四六―一七一六）はとくに微分・積分（ニュートンが創始したものとは少し形式が異なる）を考案し、科学と数学に多くの進歩をもたらした。

エジンバラが（グラスゴーとともに）スコットランドの啓蒙運動における知的活動の中心地であり、中核だったことは人びとにとって大きな驚きであった。「北のアテネ」という名前がつけられたエジンバラには新古典主義の建築物が数多く建設され、名前に恥じない学問の場としての高い評価を得ていた。トバイアス・スモレットの小説『ハンフリー・クリンカーの遠征』（一七七一）では、登場人物の一人にエジンバラを「英才の温床」と言わせたし、歴史家ジェームズ・バカンはその著書『英才が集まった町 *Crowded with Genius*』でエジンバラを巧みに描いている。

エジンバラのような小さな州都が、ロンドンやパリなどの大都市をしのいで世界的な知性の中心地になったのはなぜだろうか。アーサー・ハーマンは著書『近代を創ったスコットランド人』の中で、多くの要因が、自由な思想と知性の醸成のためにこの理想的な環境に寄与したのだと述べた。まず第一には、一七〇七年のスコットランドが、イングランドの統合後、政治的に安定し経済的に発展していたことだ。スコットランドの貿易商たちは、大西洋を挟んだアメリカとの交易（とくにタバコ）で富裕になり、その富が研究機関、とくに大学に寄付されたのである。一七四六年のカロデンの戦いで終結したカソリック教徒のジャコバイト派と美貌の王子チャールズの争いをのぞけば、エジンバラは一七〇〇年代の大半を通じて政治的安定と平和を享受していた。カロデンの戦いのあと、スコットランドはイングランドを真似て、その社会制度や文化の継承に懸命な努力を重ねた。

二番目の大きな要因として、エジンバラの宗教的雰囲気と宗教的迫害がなかったことがあげられる。若いスコットランド人、トマス・アイケンヘッドが教会を冒瀆した罪で一六九七年に絞首刑に処せられたあと、エジンバラの宗教的指導者の権威は急速に弱まった。その理由のひとつは、スコットランドがカソリック信者(とくにスコットランドの王族とハイランド地方の住民)と、フランスの宗教改革を指導したカルバン派の人びとの影響を受けたジョン・ノックス(一五一〇―一五七二)が創立した長老派の大多数の信者および少数のイギリス国教会の信者(スコットランド、ローランド地方の住民)とに分かれていたことにある。この状態は国教会信者でなければ地位の向上が望めないイングランドや、カソリック教会の力が大きく、貴族階級が堕落していたフランスとは対照的であった。

長老派は聖書を指針とする大きな信者集団で、スコットランド各地に公立学区を建設し、その結果、一七〇〇年代後半にはスコットランドは世界最高の識字率を誇るに至った。この時期、スコットランドには五つの大きな大学が設置されていたがイングランドにはわずか二つしかなかった。さらに多くの新聞と書籍を発行する出版社があった。スコットランドの知識人たちは文化としての書籍の出版を志向した。一七六三年当時、エジンバラには六つの出版社と二つの製紙工場があったのが、一七八三年には出版社の数が一六、製紙工場の数が一二にまで増えていた。こうしてエジンバラは英語で書かれた出版物の取引の一大センターになったのである。

知的生活は一七一〇年代にエジンバラで始まった社交サロンを取り巻く環境に大きな変化をもたらした。最も古く、そして重要な社交サロンは「政経クラブ」とよばれるもので、学者と経済人の連携をつくり出すことをめざしていた。エジンバラには他のサロンとして、美術家アラン・ラムゼー（一七一三―一七八四）、哲学者デビッド・ヒューム（一七一一―一七七六）、経済学者アダム・スミス（一七二三―一七九〇）などが基礎をつくった「セレクトクラブ」が知られていた。さらにその後、一七六二年には、歴史家であり哲学者でもあったアダム・ファーガソン（一七二三―一八一六）がたくさんの出版物に対して意見を述べ合う趣旨から名づけた「ポーカークラブ」が設立された。

一七五〇年にはスコットランドの主要都市では、大学、読書サロン、図書館、定期刊行物の発行所、博物館、フリーメイソンの支部などを互いに支援する知的社会基盤が整っていたと歴史家ジョナサン・イスラエルは指摘している。スコットランドの啓蒙運動のネットワークは、「リベラルな思想をもったカルバン学派とニュートン学派と大西洋を越えた啓蒙運動のいっそうの発展に大きな役割を果たした〝個性〟を重要視する意図が多数を占めていた」。ブルース・レンマンは、スコットランドの啓蒙運動の中心的な到達点は、社会構造を認識し、解釈する新たな許容能力だったと述べている。

スコットランドの啓蒙運動の最大の進展のいくつかは哲学の分野にあった。宗教による束縛がない状態で、考え、疑問をもち、討論する自由が大きな進展をもたらしたのだ。一八世紀後半のスコットランドの啓蒙運動の中で出版された優れた著作物のほとんどは、一七二九年から一七四六年までの間、グラスゴー大学で道徳哲学の教授だった大家のフランシス・ハッチソン（一六九四―一七四六）の影響を受けた。ハッチソンの思想は、彼らよりも前の時代の哲学者のずっと抽象的な思想に対して、実践的、実利的、現実的な哲学を主張した後世のアダム・スミス、デビッド・ヒューム、イマヌエル・カントなどに影響を与えた。

## 地質学の道を歩み始めたジェームズ・ハットン

スコットランドの啓蒙運動で活躍した賢人たち、懐疑主義的哲学者デビッド・ヒューム、著書『国富論』で資本主義を最初に述べたアダム・スミス、化学者ジョセフ・ブラック（一七二八—一七九九）、イギリスの産業革命を推進した蒸気機関の共同発明者ジェームズ・ワット（一七三六—一八一九）などにまじって、もの静かな一人の若い紳士、ジェームズ・ハットン（一七二六—一七九七）がいた（図4・1）。ハットンは一七二六年六月三日に、有力な商人であり、市の役人でもあった父のもとに生まれた。ハットンがまだ幼い頃に父は亡くなってしまったが、ハットンは何とかして地元の公立中学校とエジンバラ大学に進学して教育を受けた。

ハットンはもともと化学に興味をもっていたが、法律を専門とする道に進んだ。彼は法律事務所で見習いの仕事をしていたが、法律文書の書き写しよりも、化学の実験で同僚の書記を楽しませることに多くの時間を費やした。石炭のススから「ろ砂(しゃ)」（塩化アンモニウム、$NH_4Cl$）を製造する、友人のジェームズ・デイビーとの共同事業への投資に大きな関心をもっていた。結果、ハットンは一年足らずで法律事務所から解放され、医学の道に転じた。当時、化学や他の自然科学を学べる唯一の道が医学だった

▲**図 4.1**　ジェームズ・ハットンの肖像画

からである。ハットンはエジンバラ大学で三年を費やしたのち、パリ大学に移って二年を過ごし、最終的には一七四九年九月、オランダで医学博士号を取得している（パリへの出発によって、スコットランドの実家で非嫡出子を養育するというスキャンダルから逃げることができた）。

しかし、ハットンにとって医学の実務は興味をもてるものではなかった。友人のジェームズ・デイビーと共同で開発した、塩化アンモニウムを低価格で製造する方法が実用化できて、それが大きな利益を生むことがわかった。この事業の成功によってハットンは一族の農場、とくにスコットランドのバーウィックシャーのスライハウスとして知られる農場の経営に専念できるようになった。ここでハットンは、それまでの経験を使って、最大の収益が得られる最新の農業技術を試みたのだった。

農地の開拓、用水路の開削、農地の排水によってその土地の基岩（訳註：土壌層の下位にある固結した岩石）の新鮮な切割が多数つくり出され、ハットンはそれにおおいに魅了されるようになった。一七五三年、ハットンは「地球の表層を研究することがとても好きになったし、窪地、用水路、河床に現れた地層を興味をもって観察するなかで自分はこの道に進みつつある」と述べている。一七六五年には農場と塩化アンモニウム製造会社は繁盛しており、一七六八年には仕事を小作農家にまかせられるだけの十分な収入があった。ハットンはエジンバラに戻って、自然科学に対する興味にしたがった。

ハットンは父親の財産を相続していたし、農場と塩化アンモニウム製造事業からの収入があったので、生活のために働く必要がなかった。その結果、彼の友人、とりわけアダム・スミスとジョセフ・ブラックとの交流に十分な時間をあてることができた。彼らは共同で「オイスター・クラブ」という別の談話サロンをつくっていた。このサロンのメンバーは毎週金曜日の午後二時に会合をもっていたが、会合があまりに人気を博することがたびたびあったため、会合場所のパブを週ごとに変えていた。

このサロンでは芸術、建築、哲学、政治、化学、経済などを議論するために会合がもたれ、どの話題もハットンの特別な計画に最新情報を与えてくれるものだった。このサロンでの談話は、ハットンの言葉によれば、「学ぶところがたいへん多いが、形式張ったところがなく、楽しい雰囲気」だった。オイスター・クラブには、ジェームズ・リット、数学者でありながら地質学でのハットンの重要な理解者となったジョン・プレイフェアがいたし、他にも大学の学者たちや自然哲学者が大勢含まれていた。エジンバラを訪れたとき、ベンジャミン・フランクリンは名誉あるゲストとして遇された。あるスイス人化学者がオイスター・クラブのことをこう評している。「ここには哲学者が集まるサロンがある。アダム・スミス博士、ジェームズ・ハットン博士、カレン博士、ブラック博士、マクゴーワン氏がこのクラブに参加している。私もそのメンバーの一人だ。週に一度、最も啓蒙的で、居心地がよく、活気にあふれた社交的なサロンでの時間を過ごした」

## 現在は過去への鍵である——斉一主義

豪農であり、またスコットランド南部にあった一族の農場の維持・改良にあたる地主として、ハットンは土壌がどのようにしてつくり出されるのか、堆積した土砂がどのように侵食されるのか、また土砂が川や海に運びこまれたあと、どのようにして堆積層になるのかを観察していた。この観察から、ハットンは岩石の風化の本質を捉えていたし、また土砂の生産と堆積がいかにゆっくりと進行するかについても推論していた。ハットンはスコットランドとイングランドの境近くにあるハドリアヌスの長城として知られている古代ローマ帝国の城塞（図4・2）を訪れ、紀元一二二年に建造されたあと、一六〇〇年以上の年月の中でも石壁の風化や崩壊がみられないことに気づいた。この事実から、ハットンは山地全体の風化にはもっと長い時間が必要だと実感した。

ハットンは、幅広い科学関係の書物を読むことと、広く旅行して岩石を検分し、さまざまな自然現象を観察することに時間を費やした。啓蒙時代の学者たちが従っていた自然法則の基本原理を使って、自然主義の原則を地球に対しても適用した。ハットンは内心、ノアの大洪水のような超自然的大異変（「天変地異説」）は科学的な説明には無意味だと思っていた。なぜなら、それらは自然界の法則や証拠によって検証されることがなかったからだ。むしろ、ハットンは現在の自然現象を支配している自然法則や過程が過去においても同様に機能したに違いないと主張した。この考えはしばしば斉一主義の原理、またはアーチボルト・ゲイキーの言葉で「現在は過去への鍵である」といわれるものだ。斉一主義の原理を含めて、ハットンの考えが一七八五年、エジンバラ王立協会で初めて公表された。彼の論文の二つが一七八八年にエジンバラ王立協会の紀要で、「地球の理論：あるいは観察可能な地表の物質の組成、溶解、堆積の法則についての研究 Theory of the Earth; or an Investigation of the Laws Observable in the Composition, Dissolution, and Restoration of Land Upon the Globe」として出版された。最終的には、彼は『地球の理論 *Theory of the Earth*』を書籍として出版した。

ハットンの考えは誰も想像すらしなかった驚くべきものであり、当時の一歩先を行く内容だった。一

▲**図 4.2**　ハットンが訪れた1770年、ハドリアヌスの長城は風化されることもなく、紀元122年ローマ帝国によって建設されて以後、目立った変化もなかった。この状態を見てハットンは山地全体を風化させるような過程には途方もなく長い時間が必要だと確信した

七〇〇年代後半、学者たちは岩石、地層、化石の個々については多くのことをすでに知っていた。しかしまだ地質学に普遍的な理論はなかった。その障害のひとつは、創世記についてのアッシャーとライトフットの解釈に従って、地球はわずか約六〇〇〇年前に誕生したという考えがなおも広く支持されていたところにあった。地質学者の中には、堆積岩はノアの大洪水で地上にあふれ出した水から沈殿した莫大な量の鉱物で出来上がったと考える者もいた。多くの学者たちは既存の岩石の侵食作用の重要性は認めていたが、山地の上昇、地形の形成については侵食作用の説明と同等の説明がなかった。

現在、傾斜不整合とよばれているものを露頭で発見したとき、これが生成される過程にどれほどの時間を要するかについて、ハットンは最大の洞察を得た（図4・3）。ハットンにとっては、傾斜不整合は地球の膨大な年齢を証明するものだった。一番下の傾いた地層もかつては川底や海底で水平に堆積したものであって、その後、砂岩や頁岩（けつがん）に固結し、強大な力によって垂直に傾いたことを見破った。傾斜した地層を横切る明確な侵食面こそが、山地を形成する上昇運動とその後に続く何百万年にも及ぶ侵食作用を記録したものに違いなかった。最終的に、上に重なる水平な地層は、現在知られている堆積作用の進行速度を考慮すると、川底や海底でのさらに何百万年もの長時間に及ぶ土砂の堆積を表している。要するに、ひとつの傾斜不整合は聖書が想定した六〇〇〇年ではなく、少なくとも数百万年という時間を記録していなければならないことになる。

一七八七年、ハットンはジェドバラの町のすぐ南を流れるジェド川の東岸で傾斜不整合を発見している（図4・3A）。一七九五年、この傾斜不整合について彼はこう書いている。

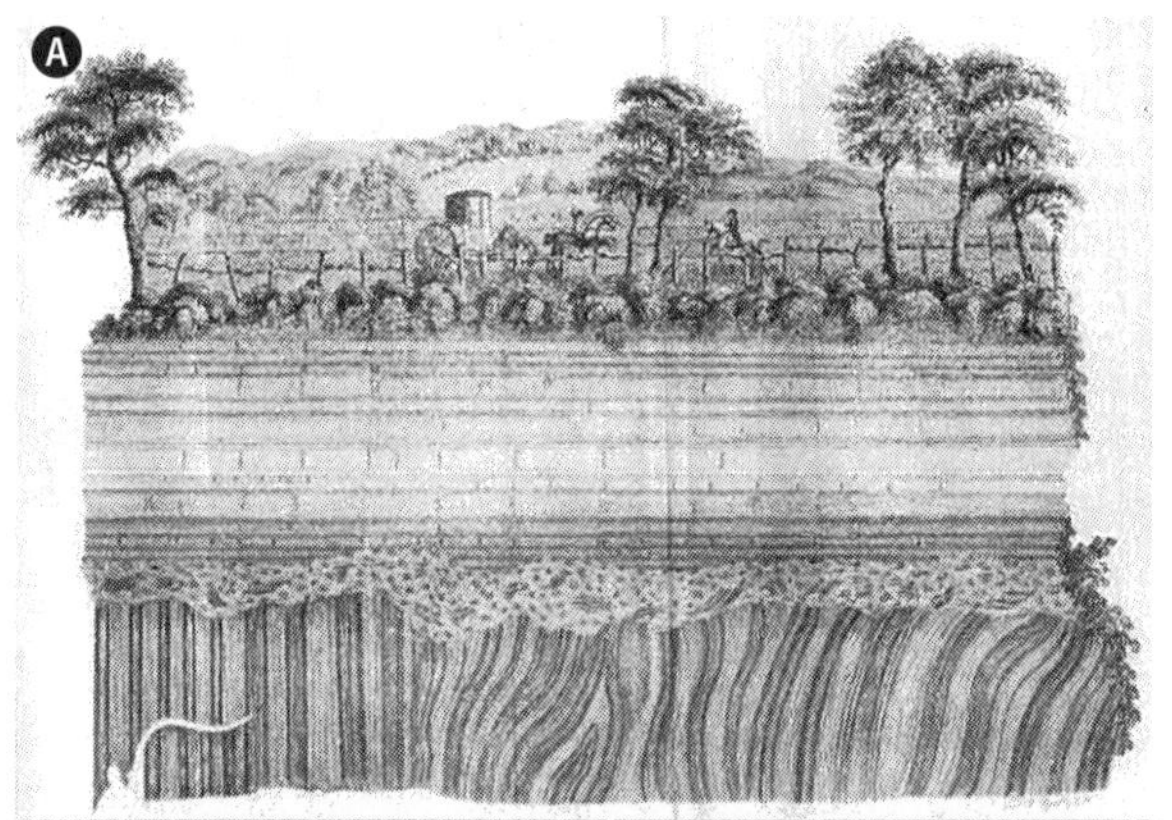

◀**図 4.3**
スコットランドの傾斜不整合露頭
A：ジェドバラの南、ジェド川の渓谷のインチボニーで発見した露頭（下）とハットンの著作に掲載されたジョン・クラークのスケッチ（上）。
高角度で傾斜したシルル紀の「シスタス」は、砂岩・頁岩層が傾斜したのち、それらに斜交して形成された侵食面の下に位置している。砂岩・頁岩層はほぼ水平なデボン紀の旧赤色砂岩層におおわれている
B：シッカー・ポイントの有名な不整合露頭。ジェドバラと同じく、地層はシルル紀の「シスタス」とこれをおおうデボン紀の旧赤色砂岩層からなる

川岸が水平な地層でできていることは知っていたが、河床に垂直な地層を見つけたのには驚いた。私はすぐにこの現象に納得し、地球の歴史に関する諸現象に頭を悩ませてきた中でようやくこの露頭に出会えた幸運を喜んだ。この露頭こそ長らく探し続けてきたものだった。これらの垂直な地層の上には、スコットランド全域に分布する水平な地層が横たわっている。

ハットンは、のちに著書『地球の理論』で公表される自身の考えを支持・証明する証拠を求めてスコットランド各地の調査を続けた。ハットンはティビオットディール、アラン島などで傾斜不整合の事例をさらに発見した。しかし露出状態がよくなく、地層の年代決定が容易ではなかった。一七八八年ハットンの最後の調査旅行に、友人であり同時によき理解者でもあったジェームズ・ホール、ジョン・プレイフェアが同行した。ハットンはバーウィックシャーの海岸を小さなボートで訪れ、エジンバラから南に向かって海岸を進むと、露頭は水平な砂岩と頁岩で、やがてジェドバラの不整合露頭の下位にも露出する「シスタス」（現在は四億三五〇〇万年前のシルル紀の岩石だとわかっている）になった。しかし南から海岸を進むと、露頭は主に旧赤色砂岩（現在の知識では約三億七〇〇〇万年前のデボン紀後期の地層）〔訳註：下巻第17章参照〕の水平層だった。優秀な探偵（あるいは地質学者）のように、ハットンは海岸のどこかで二つの地層が出会うに違いないことがわかっていた。それがついにシッカー・ポイント〔訳註：スコットランド東部、バーウィックシャーにある岬〕で見つかったのだ（図4・3B）。

この重要な日のことをプレイフェアはこう書き記した。

この現象を初めて目の当たりにしたわれわれには、その印象は忘れがたいものとなった……われわれは、踏んで立っている「シスタス」がまだ海底にあった時代、そして眼前の砂岩・頁岩層が砂または泥として超大陸上の海から堆積し始めた時代へと必然的に連れ戻されるのを感じざるを得なかった……時間の深淵をのぞきこんではるかな過去を見たとき眩暈を覚えるのであった。これらの一連の素晴らしい出来事の順序をわれわれに示してくれた哲学者の言葉に真剣にかつ賞賛しながら耳を傾けていると、想像よりも、いったいいくつの原因がさらにあるのかと深く考えこんでしまったのだ。

ハットンの考えは同時代の地質学の考えから大きくかけ離れていた。ハットンは、堆積岩とはかつて砂や泥であり、それらは陸上で削剝されたあと、河川を通って海へと運ばれ、そこで地層として堆積し、そして固結して堆積岩になったのだと明言している。しかし、砂や泥を岩石に変化させる固結作用は、単に砂や泥が海や川の水から単純に沈積したことによるものではなく、むしろ現代の地質学で確認されているように圧力と熱の作用によるのだと結論している。

ハットンはこのような地質過程全般が現在の世界のすべての地形の形成を説明できると考え、この点では聖書による説明は必要がないと主張した。最終的に彼は、侵食、運搬、堆積、隆起はサイクル的で、地球の歴史の中で何度も繰り返して発生してきたことだと考えた。このサイクルの開始から終結が計り知れないほどに長いとすると、地球の年齢は想像を絶するほど大きいのだとハットンは力説した。彼自身が記述したように、地質年代は計り知れないほど長く、無限で、いわば「始まりに痕跡がなく、終りの兆しもない」のだ。スティーブン・ジェイ・グールドは、ハットンは「時間の境目を取りのぞいた。そのことによって最も際立ち、人類の考えを変革した地質学による貢献、すなわち、深淵の時間をつくり上げたのだ」と述べている。

# 第5章 火成岩の岩脈
## 地球の巨大な熱機関――マグマの起源

火山は迷信を信じる人びとを畏怖させるために、また彼らを迷信信仰と熱愛に陥れるために生まれたのではない。火山とはいわば地下にあるかまどの排煙孔なのである。

――ジェームズ・ハットン

### 水成論と火成論――岩石はどのようにできたのか

一七〇〇年代後半、啓蒙時代でも初期の博物学者は創世記の記述とノアの大洪水になおも強く影響を受けていた。ジョバンニ・アルデュイーノ（一七一四―一七九五）のような初期の学者は、自分たちが見ることができた岩石を、おそらく地球誕生時に形成された硬くて結晶質な「第一期岩」または「始原的岩」（カコウ岩と、片岩や片麻岩のような変成岩）という単純な系列にまとめようとしていた。これらの岩石は、しばしば褶曲（しゅうきょく）し、変形した化石に富む堆積岩層である「第二期岩」（現在の知識ではデボン紀から白亜紀の地層にあたる）でおおわれていた。ある博物学者によると、「第二期岩」はノアの大洪水で形成された主な堆積物にあたる。これらの上には、ノアの大洪水以後の堆積物と思われる「第三期岩」とよばれる固結度が低い堆積物と堆積岩が重なっていると考えられていた。

岩石についてのこれらの単純な考えは、現実の世界にある岩石を見に出かけることなく、また実際の岩石をていねいに観察しなければ、面白いものだったはずだ。当時の多くの地質学者たちは遠くまで旅行することはなく、露頭に向き合って自分の考えを検証することもなかった。それどころか、北ヨーロッパの限られた露頭を見て、すでに認められている古い定説にあてはめようとした。すべての岩石は水（一般にはノアの大洪水を想定した）から沈積したとする考えは、ローマ神話の海の神〔訳註：ネプチューン〕にちなんでネプチュニズム（水成論）として知られるようになった。水成論者は溶岩流でさえもかつては海水中で堆積したのだと主張した。しかし反対派は、溶岩流とはかつて熱く溶けていた岩石であって、海水から沈殿したものではないと主張したので、彼らは「プルトニスト」（火成論者、ローマ神話で熱い冥府を司る神プルートにちなむ）とよばれた。

最も抜きん出た水成論者にはドイツの博物学者、アブラハム・ゴットロープ・ウェルナー（一七四九―一八一七）がいた。フライベルク鉱山学校の鉱物学の教授であったウェルナーは人を虜にする講師であり、彼の話を聴いた者ほぼすべてを献身的な転向者にしてしまうような強烈な個性の持ち主といわれていた。何よりも彼の主張と個性の強さで彼の考えはヨーロッパで最も広く支持されていたが、決して広範囲での岩石の詳細な観察にもとづいたものではなかった（しかし、同時代の学者たちの多くが信じていたように層状の堆積岩と溶岩流がノアの大洪水で形成したと特定したのではなく、彼はそれらの岩石が単に水中で形成されたと述べたのだ)。彼の門弟はヨーロッパの主要な大学にいて、その中には水成論を心底信じ、ジェームズ・ハットンの好敵手となったロバート・ジェイムソンがいたエジンバラ大学も含まれていた。偉大な詩人であり、自然主義者でもあったゲーテさえも信念をもった水成論者であった。『ファウスト』の第四幕には水成論者と火成論者の会話があり、そこでは明らかにメフィストフェレスは邪悪な火成論者の視点の代弁者である。

「火山岩が水中で形成されるなんてことをどうして考えついたのだろう?」と思うかもしれない。しかし思い出してほしい。化学という学問は当時まだ始まったばかりで、岩石を溶融させるために必要な熱と圧力については誰もわかっていなかったのだ。溶岩流を見たことがあるヨーロッパ人はほとんどいなかった。現代のわれわれは、活発なキラウエア火山からどろどろに溶けた熱い溶岩が流れ出すところをよく動画で見るが、ハットンの時代、地元を離れて遠くまで旅行するヨーロッパ人はほとんどなく、南イタリアを訪れたときにベスビオス、ストロンボリ、エトナなどが噴火中でない限り、誰も火山の噴火を目撃することはなかった。しかもこれらの火山は溶岩ではなく、もっぱら火山灰を噴出するのだ。

一七七四年、火山円錐丘やたくさんの風化した溶岩流などにもとづいて、南フランスのオーヴェルニュにある死火山に、かつては活火山であったことを示す証拠がすべて備わっていることを指摘したのはフランス人地質学者、デマレ・ニコラ(一七二五―一八一五)だった。この証拠はそれだけで火成論の裏づけになるはずであったが、水成論はその後も依然として支配的な定説だった。

ジェームズ・ハットンは山地の上昇と侵食についての根本的な理論をなおも考えていたが、カコウ岩のような岩石や溶岩流からできた玄武岩は、岩石が溶けたマグマという熱い物質から生成したものであって、水中で堆積したのではないということを確信した。しかし北ヨーロッパのどこにも活火山はなく、ハットンは溶岩流が地表を流れる様子さえも見たことがなかった。この証拠の欠如に対して、ハットンはカコウ岩や玄武岩がかつては溶けており、それらが既存の岩石を貫き、周囲の地層や岩石に膨大な熱を与えている場所を探していた。

## カコウ岩がマグマ起源である証拠

ハットンは、エジンバラの北、スコットランドのハイランド地方にあるケアンゴーム山地から南に向かって流れるティルト川の川砂利がカコウ岩の礫と片岩の礫がまじり合っていることに解決の糸口を見出した。カコウ岩と片岩の両方が河床に露出していて、それらが互いに接しているところを見つけられるかもしれないと考えたのだ。一七八五年、ハットンはティルト川の渓谷を遡り、フォレスト・ロッジに泊まった。翌日、フォレスト・ロッジ近くのダリアネス橋付近のティルト川の河床で露岩を調べ、探し求めてきたものを発見した。赤褐色のカコウ岩の岩脈が古い時代の片岩を貫き、そして岩脈周辺の片岩が熱による変成作用を受けていたのだ（図5・1）。これこそが、カコウ岩がかつて溶けていたマグマであり、水中で堆積したものではないことの証明だった！　それだけでなく、この露頭はカコウ岩が片岩よりも新しく、創世記が記述したように、最初の天地創造のときにすべてが形成されたのではなかったのだ。

◀**図 5.1**
ハットンの火成論者としての視点の確立に役立ったティルト渓谷でのカコウ岩の貫入
A：現在の露頭の状況。ダリアネス橋から北東方向にティルト渓谷を見る。白い脈状の部分がカコウ岩で、スコットランドのハイランド地方に分布する先カンブリア紀の片岩（暗色部）に貫入している
B：ハットンの死後に出版された著作に掲載されたジョン・クラークによる露頭のスケッチ。岩脈がより古期の岩石を貫いている様子が描かれている

**▲図 5.2** アーサーの玉座
エジンバラ南郊外に分布する石炭紀の死火山の噴出孔。直立している岩壁はソールズベリーの崖で、石炭紀の堆積岩の層理に平行に貫入した火山岩のシル〔訳註：層理や片理に平行な貫入岩〕である。ハットンは写真右側のソールズベリーの崖の麓にある家に住み、愛犬ミッシーを連れてよくこの付近を散策していた。写真は同じ火山の噴出孔（火道）の上に建てられているエジンバラ城から撮影

ハットンは確信をもてる証拠をさらに必要としていた。例えば水中で形成された層状の堆積物を貫く溶岩流の露頭など。

彼が愛犬ミッシーを連れてエジンバラの南の丘を散策していたとき、エジンバラの市街地を見下ろすアーサーの玉座とよばれる丘が古い時代の火山からの溶岩噴出孔であることに気づいた（図5・2）。そして丘の北斜面のソールズベリーの崖が古い時代の火山岩でできた岩壁だということにも気づいたのだ。

そしてついに丘の南西斜面で彼が探していたものに出会った。かつて溶けて高温だった溶岩が層状の堆積岩に貫入し、さらに

はその過程で堆積岩を変形させていたのだ〔図5・3〕。この露頭はたいへん有名で、「ハットンの断面」として知られている。地質学を専攻する学生は基礎的な事項を習得するためにこの露頭を訪れる。ハットンは一七八六年にギャロウェイで、さらに一七八七年にはアラン島で別の事例を発見している。

ハットンとその化学者の友人、ジョセフ・ブラックとジェームズ・ホール卿は、とりわけ岩石の化学について当時では他よりも抜きん出て優れた知識をもっていた。ハットンは水から化学的沈殿で形成される鉱物（例えば塩）がどのようなものかを知っていたし、マグマが水中で生成されるものではないこともわかっていた。

一七八六年にエジンバラに移住してからハットンはブラックとの共同研究を進めた。ブラックは岩石に対する熱の効果を理解するうえで最も重要な手法である化学への情熱をハットンと共有した。ブラックは潜熱〔訳註：物質が固体、液体、気体と変化するときに吸収、放出する熱。通常は融解に伴う融解熱と、蒸発にともなう気化熱を指す〕の存在と熱せられた物質に作用する圧力の重要性を推論した。例えば水は、通常なら水蒸気に変化する温度にまで熱せられても、圧力がかけられていると液体の状態が保たれる。熱と圧力に関するこうした考えは、地下に埋没した堆積物がどのようにして堆積岩に変化していくのかについてのハットンが理論を導く鍵になった。

一七九二年、ホール卿は八〇〇～一二〇〇℃の範囲で玄武岩を溶融させ、それをゆっくりと冷却すると再び結晶化して玄武岩になるという室内実験を行った。これは地質学分野での最初の室内実験のひとつであり、溶融した岩石が自然界ではどのように見えるのかを明らかにしたものであった。

◀図 5.3
ソールズベリーの崖の「ハットンの断面」
A：露頭の現在の様子。熱で変成し、変形している堆積岩層（崖の下部）とそれを取り囲む火山岩（崖の上部）
B：写真Aの右側部分の拡大写真。火山岩の貫入によって堆積岩層が曲げられている
C：ハットンの死後に出版された著作に掲載されたジョン・クラークによる露頭スケッチ。同一露頭のスケッチであるがスケールがまったく間違っている

## 躍動する地球

温泉や火山についての解説を読んで（ただしハットンは温泉にも火山にも行った経験はなかった）、彼が「地球は巨大な熱機関だ」とよんだものからパワーを得て地球の中心部は熱く、溶けているとハットンは確信した。彼の言葉を借りれば、「火山は迷信を信じる人びとを畏怖させるために、また彼らを迷信信仰と熱愛に陥れるために生まれたのではない。火山とはいわば地下にあるかまどの排煙孔なのである」。

彼の考えは、溶岩が貫入して高温で熱変成した石炭層によってさらに確かめられた。この熱機関が、やがては海に運搬される砕屑物をつくり出す山地の上昇と形成の原因になっているとハットンは信じていた。これらの過程が山地の上昇、侵食、堆積、そして再び上昇という果てしないサイクルの中で続いていく。こうしたハットンの考えは、地球とはとてつもない年齢を重ねていて、そしてつねにつくり変えられ循環するものだという躍動的地球観の一部だった。――六〇〇〇年前の天地創造以後、何も変化しないままの年若い地球ではない。

一七八八年に論文、一七九五年に著書『地球の理論』を出版して、ハットンは自らの考えを世界に広めようとした。しかしハットンの考えはすぐには受け入れられなかった。その理由のひとつに、ハットンの文章が難解で理解しづらかったことがあげられる。一七九七年、ハットンが死去したときでさえも彼の考えが高く評価されたわけではなかったが、一八〇二年、ハットンの門弟、ジョン・プレイフェアが『ハットンの「地球の理論」の解説』を出版したところ、この本は問題点を鮮明にし、より広く読まれたのだった（そして、ハットンが観察したことを人びとが理解するのを手助けし、ハットンの友人ジョン・クラークによる挿絵が添えられていた）。

革命的ともいえるハットンの考え方が地質学者の間で広く受け入れられるには次世代の登場が必要だった。それはハットンが死去した一七九七年に生まれたチャールズ・ライエル（図5・4）という若者によってなしとげられた。ライエルはもともと法廷弁護士をめざして法学を学んでいたが、すぐに法学に飽きて、地質学という新しい学問分野に趣味としてのめりこんでいった。ヨーロッパ中を旅行し、ハットンの斉一主義の視点からさまざまな地質現象を観察した。

やがてライエルは一八三〇〜一八三三年にその傑作、『地質学原理』三部作を出版した。この大作はそもそも短い法廷弁論の趣意書のような文書（どのような弁護士でも教えてくれるが、これは決して「短い」ものではない）として書かれたものだった。旅行と書物から収集したすべての観察事項をまとめて、ライエルは弁護士としての技術を駆使して、斉一主義的な地球観についての決定的な事例を強調した。優れた弁護士のように、ライエルは彼の意見に反対の立場の人びと、すなわち天変地異説信奉者の信用を失墜させるためにあらゆる手を使ったが、その一方で自身の主張のためには圧倒的な証拠を提示したのだった。ライエルは、火山噴火と温泉、とくにイタリア南部での複数の事例についての説明を使って、「地球は巨大な熱機関だ」というハットンの考えをさらに確かめた。数年のうちに、最後の天変地異説信奉者や水成論者が亡くなるか自説を撤回して、ようやく地質学は近代科学の仲間入りを果たした。

**▲図 5.4**　チャールズ・ライエル
晩年、騎士に叙され、地質学における斉一主義的な見方によって、すべての科学分野で最も優れた人物の一人に数えられた

# 第6章 石炭
## 燃える石と産業革命

私の名前はポリー・パーカー　ウォースリー生まれ
父さんも母さんも炭鉱で仕事
一家は子だくさんで子どもが七人
私も同じ炭鉱で働く運命
気の毒にと思ってくれたら　それでいいの
明けても暮れても炭鉱で雇われ仕事
でも元気いっぱいで歌うの　歌えば陽気に見えるでしょ
私は炭鉱労働者の娘

仕事は危ないことばかり
ロープか鎖で宙づり
炭鉱では死ぬかケガするか

毒ガスか火事の炎であの世行き
でももし仕事がなくなればどうするの
どうしようもない腹ぺこの毎日
神様の祝福をあげるから
炭鉱労働者の娘を嫌いにならないで

朝から晩まで地面の下
灯りもお日さまのぬくもりもなく
夜は寝床から飛び出すこともたびたび
水が入ってくるし裸足だし
ぼろぼろの服とすすけて黒い顔だけど
気持ちは地主たちよりずっとおおらか
地面の下で働く貧しい炭鉱労働者だけど

「炭鉱の娘」（炭鉱の伝統的労働歌）

## 薪のように燃える黒い石——石炭

紀元前四〇〇〇年、中国では早くも人びとが地面から石炭を掘り出していた。中国では石炭はほとんどが暖炉やかまどの燃料として用いられていた。その後、紀元前一〇〇〇年頃には中国では銅の精錬に石炭を使っていた。マルコ・ポーロは一二七一年から一二九五年にかけて中国で歴史に残る旅行をして、中国人が「薪のように燃える黒い石」をどのようにして使っているのかの話を国へ持ち帰った。石炭がたいへん豊富に採れたので、人びとが週に三回温かい風呂に入ることができるのを見てマルコ・ポーロは驚いている。

石炭はヨーロッパでも古代から使われてきたのだが、マルコ・ポーロが活躍した中世になると石炭を使うことは忘れられてしまっていた。紀元前三〇〇年頃、ギリシャの哲学者テオプラストスは地質学についての評論『石について』の中で次のように述べている。

> 役立つものだという理由で地面から掘り出される物質の中にあって、アンスラックス（石炭）として知られている、それらは土でできていて、いったん火をつけると木炭のように燃える。石炭はリグーリア地方で見つかるし、山道を通ってオリンピアに向かうと通りかかるエリス地方でも見つかっている。石炭は精錬業にたずさわる人びとに使われている。

イギリスの紀元前三〇〇〇年の青銅器時代の遺跡では葬祭用の薪の中から石炭の証拠が見つかっている。紀元二〇〇年には、ローマ人はイングランド、スコットランド、ウェールズのほとんどの炭田を採掘している。当時石炭は溶鉱炉や精錬装置を加熱するためだけでなく、冶金、住宅の集中暖房、イギリスのバース地方で有名なローマ式浴場の湯沸かしにも使われていた。

## 産業革命を推進する

中世から一七〇〇年頃まで、採掘が容易ではなかったことと、木炭を製造するための木材など別の種類の燃料が豊富だったため、石炭は重要性が低い燃料資源だった。ところが一七〇〇年代後半に産業革命が加速的に始まるとすべてが一変した。水車や他の動力源は広く使われていたが、大規模な工場を動かすには、河川では不十分で、また一八三〇年頃には、イギリスでは大規模な工場がそれにふさわしい河川の用地を使いつくしていた。そこで一七〇〇年代後半の実用に耐える蒸気機関の発明によって、工場、汽船や機関車の推進装置を動かす膨大な動力の最も実用的なエネルギー源が供給されるようになった。小型の蒸気機関なら木炭を燃料にした薪燃焼炉でも加熱できるだろうが、大型の機械を動かすにはより安く、効率がよいエネルギー源が必要だった。そして石炭は産業革命における最初の優れた燃料として優位を占め、産業革命の推進を可能にした（図6・1）。

産業革命はイギリスで発展したので、最初に大規模な石炭開発に着手したのはイギリスだった。一八

▲**図 6.1**　石炭採掘の重労働を描いた古い石版画

〇〇年には、世界の石炭の八三パーセントがイギリスで採掘されていた。とくにウェールズ南部、マンチェスターからニューキャッスル、そしてスコットランド南部に至るイギリス中部と北部には大炭田があった（図6・2）。最盛期の一九四七年には、イギリスの石炭産業では、イギリス全土の多くの炭田で七五万人の炭鉱労働者が働いていた（図6・3）。

しかし、石炭採掘は汚く、危険で、そしてしばしば命にかかわるような作業だった。石炭採掘の初期、炭鉱所有者はあらゆる権力を握っており、炭鉱労働者は坑内にどのような環境が広がっていようともそれを受け入れなければならなかった——さもなければ炭鉱労働者たちは餓えてしまうのだ。

坑内の環境はすさまじいものだった。石炭採掘からは、毒性が強いか、爆発性をも

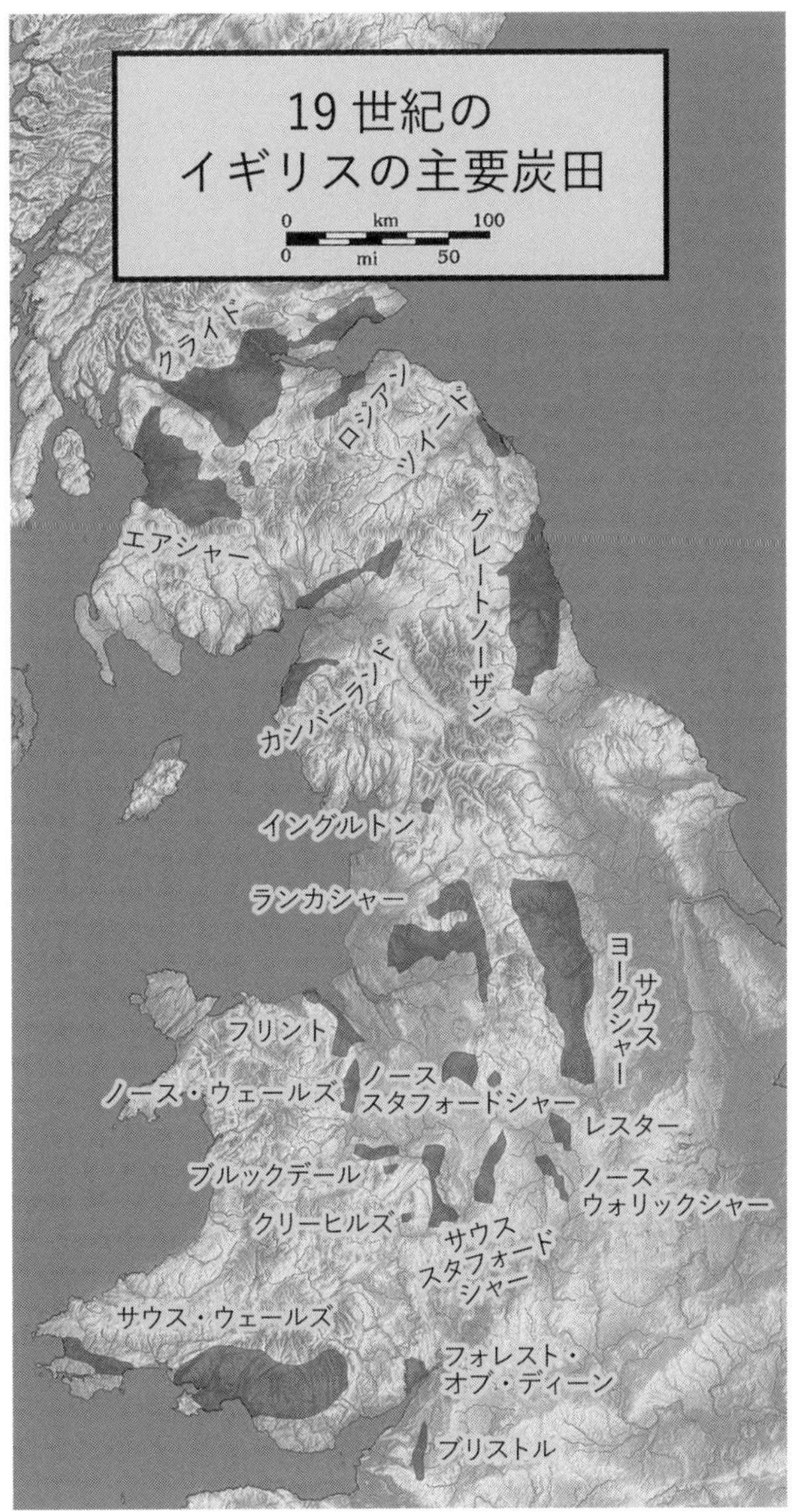


◀**図 6.2**
19世紀のイギリスの主要炭田の分布

▲図 6.3　アイルランドの炭鉱労働者と馬を撮った 1884 年頃の記録写真

っているか、またはその両方の性質を備えた大量のガスがたびたび発生する。そのため炭鉱爆発は長らく共通の問題だった。小鳥が有毒ガスに対してより敏感で、炭鉱労働者たちが有毒ガスを察知するよりも早くガスに反応するので、炭鉱労働者たちはかごに入れた小鳥（ふつうはカナリア）を坑内に持ちこんだ（このことから慣用句「炭鉱のカナリア」とは、何らかの問題が起こる前兆という意味である）。

　また石炭採掘は石炭の粉塵を大量に発生させた。炭塵は炭鉱労働者の肺に入りこみ、その結果多くの炭鉱労働者が炭素肺で亡くなった。また採掘作業では落盤が頻繁に起こり、大勢の炭鉱労働者が生き埋めになっ

▲図 6.4　ウェストバージニア炭鉱で馬をひいて働く子どもたちの記録写真

た。

もっと恐ろしいことは、一九世紀には八歳の子どもでさえも炭鉱で働くことを求められていたという事実だ（図6・4）。小柄なため、子どもたちはより狭い場所で作業することが可能だった。ガスの充満を防ぎながら炭車（たんしゃ）を通す落とし扉を開閉する作業に彼らはとくに貴重だった。一八世紀から一九世紀、子どもたちは大人の男たちと同じように週六日間、一二時間交代で坑内作業につき、休日は日曜日だけだった。

労働時間のほとんどを漆黒の闇の中で座って過ごし、必要な時だけカンテラを点灯し、そして炭車が通る前に落とし扉を開くことを知らせるために、炭車の轟音を聞いているのだった。冷たく、昼間が短い冬の間、子どもたちは朝まだ暗いうちに起きて、暗闇の中で一二時間働き、日没後に家に帰るので、陽の光を見ることができたのは日曜日だけだった。

炭鉱事故は悲惨だった。一九〇〇〜一九五〇年、アメリカだけでも九万人以上の炭鉱労働者が亡くなり、一九〇七年の一年間だけで三二〇〇人以上の炭鉱労働者が犠牲になっている。近代的な保安基準の下でも、二〇〇五〜二〇一四年に二八人の炭鉱労働者が命を落とし、炭鉱採掘を最も災害が多い仕事にしてしまった。そして爆発、落盤、火災などで突然に命を落とすことがなかったとしても、炭素肺で若くして亡くなってしまうのだ。労働組合が苦労したおかげで、二〇世紀になるとしだいに炭鉱経営者から譲歩を勝ち取り始め、ついに坑内作業の安全を命じ、作業時間を短縮し、子どもの就業を違法とする法律が成立した。

産業革命が世界の他地域に波及するにつれ、工業化の急速な発展を支える巨大な炭田が発見された。アメリカでは、ペンシルベニア州西部、バージニア州とその西部などのアパラチア地域で、またケンタッキー州、オハイオ州、テネシー州などの隣接する地域で巨大炭田が発見された。一八七〇年には、これらの炭田は四〇〇〇万トンの石炭を生産し、生産量は一〇年ごとに倍増していったのだった。一九〇〇年には生産量は二億七〇〇〇万トンに飛躍し、第一次世界大戦中に船舶、工場を動かすための石炭の莫大な需要が生産を押し上げたので、一九一八年には六億八〇〇〇万トンという最大生産量に達した。

ドイツのルール渓谷にも同様の炭田があり、近くから産する鉄鉱石と組み合わさって、ルール地方を重工業地帯にした。一八五〇年、平均的な炭鉱はわずか六四人の労働者を雇い、全国の生産量二〇〇万トンに対して約七七〇〇トンの石炭を生産していたにすぎなかった。一九〇〇年には、これらの炭鉱はそれぞれ二六万トンを生産し、一四〇〇人を雇用して合計で約五四〇〇万トンを生産していた。石炭はフランス、ベルギー、オーストリア、ハンガリー、スペイン、ポーランド、ロシアなど他のヨーロッパ諸国でも発見された。やがて石炭採掘は世界中に広まり、ロシア、インド、日本、オーストラリア、ニュージーランド、南アフリカでは主要な炭田が一九〇〇年までに広く開発された。現在では、二〇〇八年に中国が世界の石炭生産の約四〇パーセントを占める二八億トン以上を生産し、世界最大の産炭国になっている。しかし、他の多くの国々では石炭埋蔵量が枯渇してしまったか、石炭の硫黄含有量が高いために酸性雨公害なしでは採掘できないか、または石炭がより安いエネルギー資源との価格競争に直面して、割高になって採掘できないものになってしまった。

## 石炭紀の名前の由来――夾炭層(きょうたんそう)

石炭の探査は産業革命の発展にとって重要であっただけではなく、イギリスや他地域での最初期の地質学の研究の基礎ともなった。主要炭田の調査が始まると、研究者たちはイギリスの石炭のほとんどを含む地層群が特定の順序で重なっていることに気づいた。その地層群は一七〇〇年代の初めにイギリスで「夾炭層」とよばれ、ほぼ一世紀後の一八二二年、ウィリアム・コニベアとウィリアム・フィリップスが正式に命名した「石炭紀」(石炭を産する時代の意味)という地質年代区分用語のもとにもなった。石炭研究の草分けの一人に、サマセット出身の地主で、自分の所有地と近隣地の地下での石炭採掘事

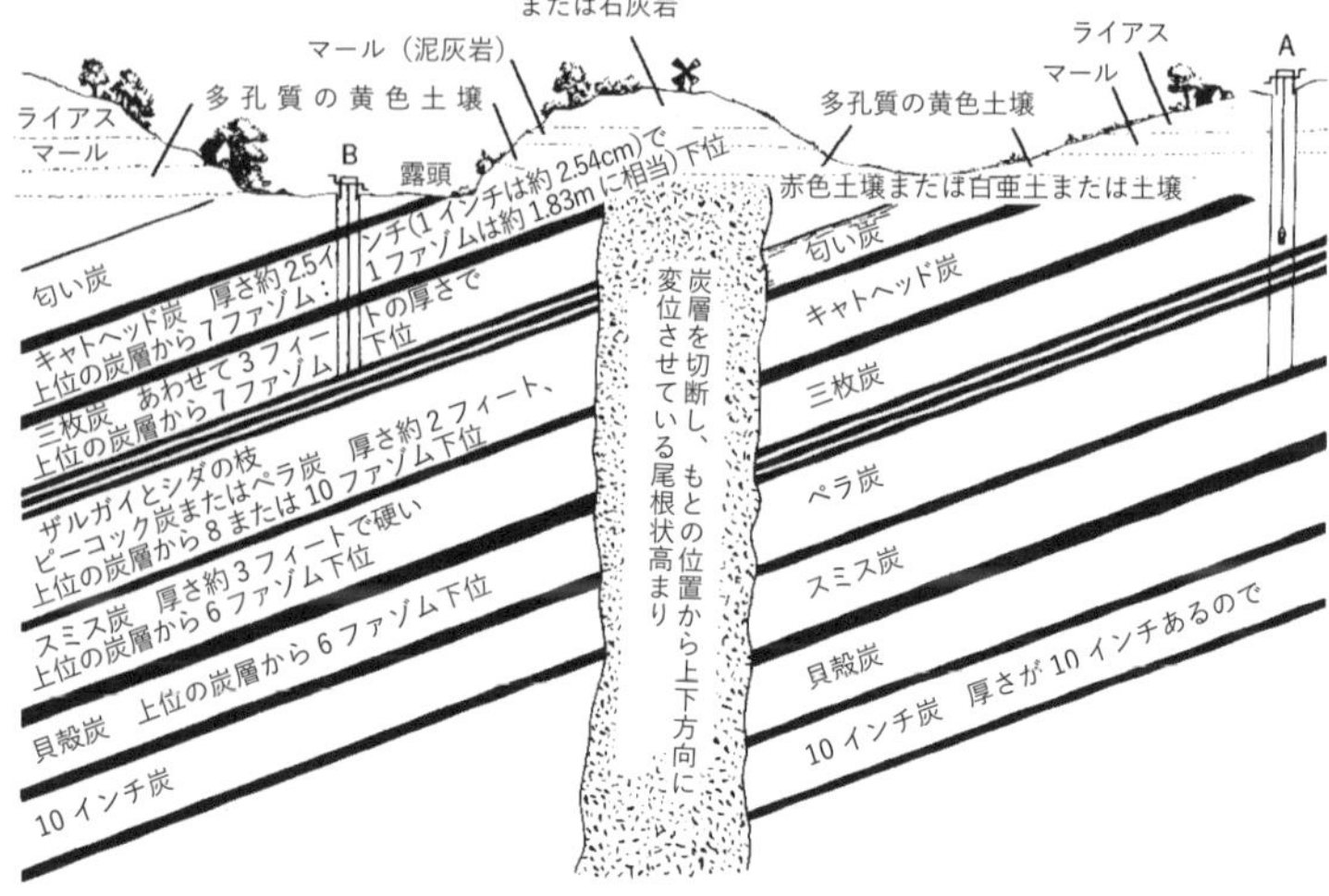


**▲図 6.5**　ジョン・ストレイチーが描いた所有地内の炭田の有名で先進的な地質断面図

業に関心をもっていたジョン・ストレイチー（一六七一―一七四三）がいた。一七一九年、ストレイチーは最初の、しかも実際の地質断面図のひとつとして有名な図（図6・5）を公表した。

彼はまず、地表の炭層を地図上に示し、その厚さと炭層が地下に向かう傾斜の角度を測定した。彼は炭層の地下に向かう傾斜を正確に投影し、そして三次元的に夾炭層がどのように分布しているのかを図示した。

この断面図から、ストレイチーは石炭採掘権を獲得できただけではなく、ある地域や石炭を産出するはずの地域での夾炭層の分布、厚さ、賦存量を予測することもできたのである。炭鉱労働者たちが何世代にもわたって行ってきたような、単純に炭層の地表での分布地点を確かめ、それを追跡しながら地下に掘り進む方法からの大きな飛躍だった。第7章で紹介するように、これは、サマセット地方だけでなくイギリス全土での地層の積み重なりの順序〔訳註：層序〕についての約七〇年後のウィリアム・スミスの洞察に決定的な影響を及ぼした。

しかし石炭紀に石炭が世界各地で広域に形成され、他の時代にそれほど多くが形成されなかったのはなぜだろうか？　それは、たくさんの地質学的な出来事が独特の関係で互いに作用し合ったためだ。まず、デボン紀後期よりも前には、樹木サイズの陸上植物は登場していなかったのだが、石炭紀になると巨大なトクサ、ヒカゲノカズラ、シダなどの陸上植物が森林を形成し始めた。これらの植物は、新しくできた北アメリカのアパラチア山地や、パンゲア〔訳註：下巻第17章参照〕を形成することになるいろいろな大陸の衝突でできた似通ったユーラシアの山地の縁辺部の氾濫原、河口の三角州、沿岸のラグーンなどの湿地植物の密生地域で生育した〔訳註：下巻図18・4参照〕。

これらの巨大な湿地帯はユーラシアと北アメリカの熱帯地域に形成されたもので、それ以後にできた湿地帯とは異なるものだった。シロアリや他の分解生物が多くいて、澱んだ水中に枯れて倒れた樹木をたちまちのうちに分解してしまう現在の湿地帯とは違い、木材を餌にするような昆虫は石炭紀にはまだ進化していなかった。要するに、現在のように腐敗して分解されてしまうのではなく、膨大な量の植物が湿地帯の酸素欠乏状態の酸性の泥の中に倒れこんで、埋没して永久に地殻の一部になったのだ。

大量の石炭が地中に堆積したので、光合成作用で形成された莫大な量の二酸化炭素が大気から取り除かれ、大量の炭素が固定される結果となった。最終的には、極氷〔訳註：高緯度地域をおおう厚い氷床〕がなく、また大気中の二酸化炭素濃度が高く、海水準が上昇してほとんどの大陸が沈水していた石炭紀前期の「温室」気候が、石炭紀後期には大気中の二酸化炭素濃度が低くなり、南極に極氷が出現し、海水が極氷に集まって海水準が大きく低下した「氷室」地球に変化してしまった。地球ではほぼ一億五〇〇〇万年の間、「氷室」気候が優勢だった。

地球では「氷室期」と「温室期」が過去一〇億年の間、何度も繰り返し起きている。金星（大気に硫酸が充満し、鉛が溶けてしまうほど高温）のような暴走した温室気候や、逆に火星の全球凍結状態とは違って、地球には炭素循環サイクルを一定にする生命が存在している。炭素は、石灰岩（ほとんどが海の貝や他の化石生物でできている）として、また石炭（陸上植物によって生産された）として地層中に固定されている。地球生命システムは、地球の暴走する氷室気候あるいは温室気候を食い止める温度自動調節装置として機能しているのだ。

## 石炭がもたらす災い

不幸なことに、産業革命を推進した石炭産業はいまや地球の居住適性を破壊しつつある。一七〇〇年代以後、人類は何百万トンもの石炭を燃焼させることによって、かつては石炭層として地中に固定されていた莫大な量の二酸化炭素を採掘し、放出してきた。もともとは石炭紀固有の条件が整って地中に固定されていたこの二酸化炭素すべてが、いまや地質時代の記録にはないような速さで地球規模の「超温室期」をつくり出しつつある。蒸気機関を動かすために最初に石炭を採掘した先人たちは、そうとは知らずに、大気、海洋、地殻での微妙な炭素のバランスを乱してしまった。

あらゆる化石燃料の中で、最悪の温室効果ガス発生源であることに加え、石炭には多くの環境災害につながる要因が含まれている。地下深部の炭層を採掘する立坑採炭方式では炭鉱労働者はつねに危険にさらされていたし、また人命を奪うものであると同時に、廃石の山とため池いっぱいの有毒な汚泥を残すのだ。

さらに破壊的なのは、炭層の上に被さっている大量の土砂や岩石を剝ぎ取って地下の炭層に到達しようとする石炭の露天掘り式採掘である。この採炭方式は環境を犠牲にして広範囲の自然景観を破壊してしまう。昔は、炭鉱労働者は水がたまった窪地で隔てられた地表に、大量に出た廃石を放置していた。その結果、地表の景観はまだらに傷ついた荒地のようになってしまった。環境保全規制が実行されてからは、炭鉱会社は石炭採掘跡に残滓(ざんし)を戻して炭鉱跡地を農地または開発前の状態に修復しなくてはならなくなった。多くの場合、石炭採鉱と環境修復に要するコストに見合うほどには石炭は利潤を生むものではないので、環境修復は露天掘り方式を意味のないものにしてしまうのだ。最近実践されているのは、炭鉱会社が炭層に到達するまで山頂をすべて剝ぎ取ったその後、廃石を隣の谷に投入して、景観を完全に変えてしまう山頂除去式露天掘りである。

石炭採掘によるもうひとつの環境リスクは酸性雨だ。硫黄を大量に含んでいる石炭を燃やすと硫酸が発生する。これが石炭発電所の風下側に流れ、酸性雨となって降ると、あらゆる生物が死んでしまう。酸性雨はドイツ南部の「黒い森（シュヴァルツヴァルト）」をほとんど枯死させたし、アメリカ北東部の森林にも深刻な被害を与えた。そして環境保全規制は、一九七〇年の大気清浄化法の成立とともに、高硫黄炭の採掘には高いコストがかかり、費用対効果がないという理由でアパラチア地方やイリノイ地方の多くの炭田を閉鎖に追いやった。逆にワイオミング州のパウダーリバー盆地産の低硫黄炭は低価格で採掘された。今では、ところによっては高硫黄炭の燃焼を抑制する二酸化炭素排出量取引方式があり、環境リスクは劇的に減少した。

以上のようなすべての理由から、石炭は環境に対して最も悪い影響を及ぼす化石燃料のひとつであり、そして炭鉱労働者と他の人びとにとっては災害が最も多いものだと考えられている。環境規制は、石炭の酸性雨発生リスクを減少させ、景観の破壊を抑制し、炭鉱労働者の作業をより安全なものにすることができたが、石炭はなおも温室効果ガスの大量発生源だ。環境保護団体は長い間、石炭利用を完全に停止する方策と、よりクリーンなエネルギー源に代替する方策を探って戦っている。

皮肉なことに、この課題をほとんど達成したのは環境規制法ではなく、アダム・スミスがいうところの資本主義の自由市場の「見えざる手」だった。太陽エネルギー技術と安い太陽発電と風力発電の飛躍的発展、そして二〇一四〜二〇一七年の原油価格の急落、とくに天然ガスの過剰供給によって、石炭が世界のほとんどの地域で、もはや太刀打ちできなくなるまでに石炭の価格が下落した。二〇一六年、北アメリカの石炭最大手、ピーボディ・エナジー社は破産申請し、北アメリカ東部の炭田は操業をほとんど停止した。同じ力がイギリスの石炭生産を停止させた。その結果、かつて巨大だったイングランドやウェールズの炭田の遺跡は、閉山された炭鉱と荒れ果てた風景だけになってしまった。唯一石炭を採掘し、燃焼させ続けているのは中国だけで、いまや中国は世界一の産炭国である。しかし中国自身が発生させている有毒ガスによる大気汚染のために、中国も石炭産業と石炭火力発電を廃止しようと努力しており、すでにその方向に大きく舵(かじ)を切り始めたところだ。

石炭は産業革命を推進し、現在の世界を形成した燃料だ。また石炭は地球の炭素の多くを地下に貯蔵した資源でもあった。そしてこの石炭を燃焼させることによって、もうひとつの温室期の世界を将来の世代に残すことになってしまった。幸運なことに、石炭の時代はどうやら終わりを迎えているようだが、化石燃料の燃焼を十分に削減して地球環境の破滅を回避できるかどうかは未解決の課題である。

# 第7章 ジュラシックワールド

## 世界を変えた地質図——ウィリアム・スミスとイギリスの地層

博物学者にとってよく整理された化石とは、骨董品収集家にとっての古銭だ。化石は地球が残した骨董品のようなもので、水中に棲む生物のさまざまな変化とともに段階的で規則正しい地球の成り立ちをはっきりと物語る。

——ウィリアム・スミス

### 地球の切り口

アブラハム・ゴットロープ・ウェルナー、ジェームズ・ハットンなど一七世紀後半の自然科学者の多くは大きなスケールでの地球の理論的理解に力を注いでいた。彼らはスコットランド、ドイツなどの限られた露頭で研究し、そこから得られる限られた事実にもとづいて地球の歴史を壮大なスケールで概説した。多くは一般的には正しかったが（ハットン）、中には誤ったことを述べた研究者もいた（ウェルナー）。彼らはみな生活の糧を得るために働く必要のない裕福な紳士、または安定した地位にある学識豊かな専門家であり、そして思い通りに時間を使うことができたのである。彼らは教養も財力もあり、地質学を研究するのに必要な時間をもっていて、地質学の研究は趣味であり、決してそれを生業とするものではなかった。

ところが、一七世紀後半の石炭産業の爆発的な成長によって、より実際的で詳しい、地域に即した方法で地球を理解する新たな必要性が生まれた。第6章で述べたように、石炭を探す人びとは夾炭層の分布を地図上で示すことと、さらに夾炭層がどこで見つかるのかを予測する必要があった。一七一九年、ジョン・ストレイチーがつくったサマセット炭田の世界に先がけた地質断面図（図6・5参照）は地下浅部を横切り、地下を可視化した最初の試みだった。それでも、この時代の自然科学者は、地質図を作成し、地質断面図を描くといったそのような骨の折れる作業には興味を示さなかった。彼らは露頭を詳しく観察するよりも、むしろ肘掛け椅子に腰かけて、地球についての壮大で、理論的なモデルを一般化することを好んでいた。加えて、イギリスやヨーロッパの大部分の地域では植生が厚く、露頭がほとんどみられなかった。そのため、多くの場所では足下の地質を感じ取ることが難しかったのだ。

ウィリアム・スミス（一七六九―一八三九）は、多くの地質学の創始者のような裕福なイギリス紳士ではなかった（図7・1）。彼がわずか八歳のときに亡くなった鍛冶職人、ジョン・スミスの息子で、上級学校に進むために有利な点は何もなかった。しかし、ウィリアム・スミスは優秀で勤勉だった。彼は決められた学校教育以上のことを独学し、数学と製図に特別な才能を示した。一八歳のとき、彼はグロス

▲図 7.1　ウィリアム・スミスの肖像画

ターシャーの測量士、エドワード・ウェブに弟子入りした。スミスはたちまち優秀な測量士になり、請け負ったどんな仕事もこなせるようになった。

一七九一年、スミスはサマセットのサットンコートで働くようになった。そこはストレイチーが七〇年以上も前に調査し、石炭を試掘した場所だった。そこでストレイチーの地質図と地質断面図を学び、それは田舎の道を調査するときの彼自身の考え方に大きな影響を与えた。彼とウェブはサマセット地方で八年間この仕事にたずさわり、サマセット地域での運河開削のルート、とくに石炭運河の開削ルートを発見した（図7・2）。当時、イギリス中でたくさんの運河が開削されていた。それは、産業革命に伴い、大きな工業都市に運ばなければならない石炭や他の製品の安い輸送手段を必要としていたからだ。通常なら植生におおわれていて地質図上に描くことが難しい基岩の新鮮な露頭をイギリスのかなりの地域で見るという、ふつうでは得がたい機会にスミスは恵まれた。また彼はこの地域でたくさんの炭鉱を調査、研究して、それまでのどのイギリス人よりもたくさんの地質断面を観察することができたのだ。

オックスフォードシャーやサマセットシャーの岩石の大部分は、ライムリージスの海岸に露出する海生爬虫類、アンモナイト、その他の海生生物の化石を産する有名なジュラ紀の堆積岩の一部である（図7・3）。これらの地層ユニット（訳註：性質や含まれる化石が似通った地層のひとまとまり）は化石だけではなく、その色彩豊かで少し風変わりな名前でも有名である。「ブルー・ライアス層」（ライムリージスで最も化石が豊富な地層）、「シェールズ・ウイズ・ビーフ層」「ブラック・ベン泥灰岩」「グリーン・アンモナイト層」「コーン・ブラッシュ層」「コーラリアン層群」「インフェリオ・ウーライト」「フォレスト・マーブル層」「キンメリッジ粘土層」、そして無脊椎動物だけでなく、たくさんの海生爬虫類の化石を産

**▲図 7.2**

A：サマセットの石炭運河の遺構。ウィリアム・スミスが 1790 年に最初に調査した

B：バースのすぐ南、タッキングミルにあるウィリアム・スミスがサマセット石炭運河の仕事中に住んでいた住宅。現存する唯一のウィリアム・スミスの旧宅

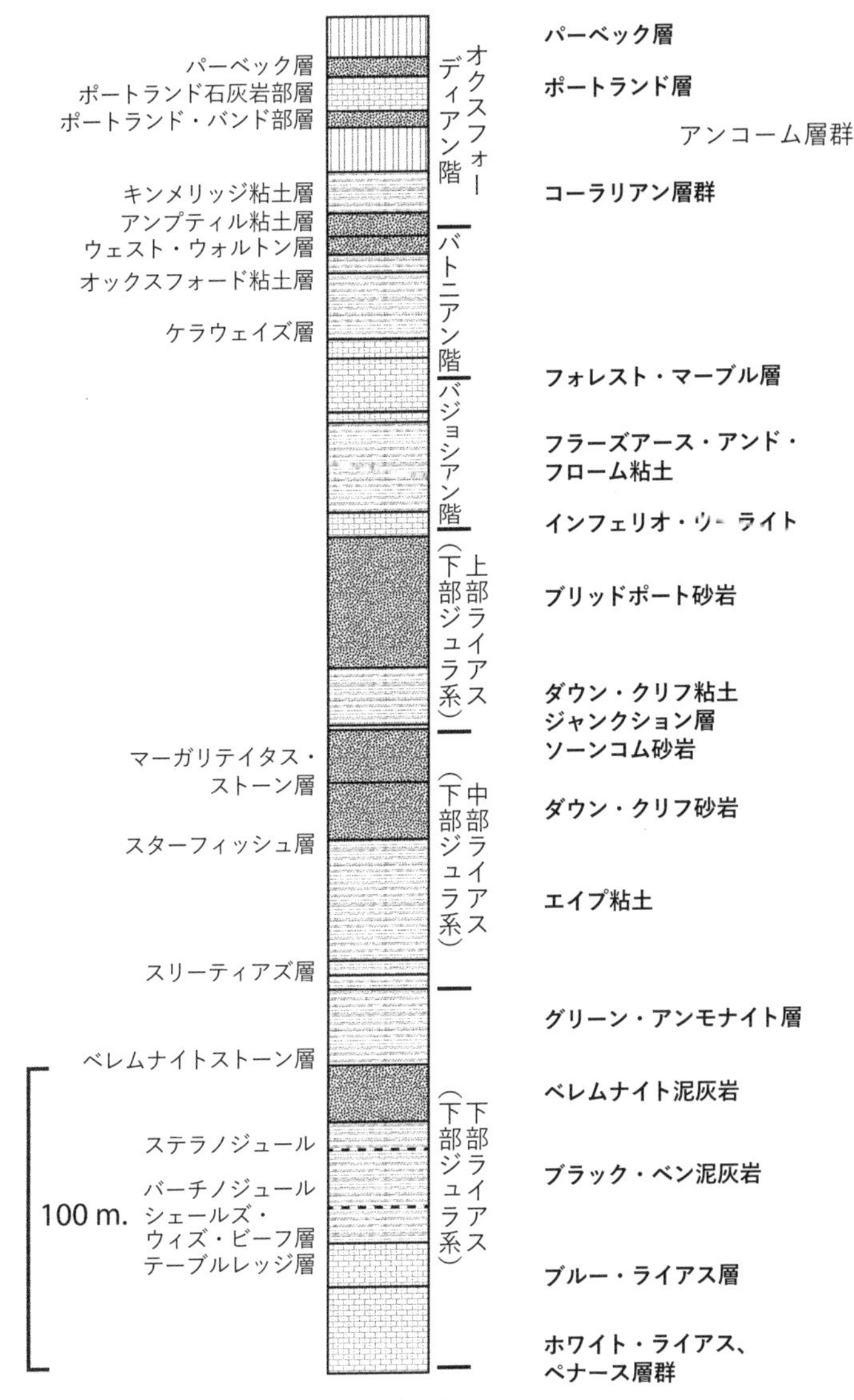


▲**図 7.3**　イギリス中部でのジュラ系の層序

することで有名な「オックスフォード粘土層」（これらの地層名には、ウィリアム・スミスが提唱し、現在もなお使われている「コーン・ブラッシュ層」のようなものもある）。オックスフォードの北東に分布するジュラ紀のテイントン石灰岩からは恐竜として最初に正式に命名されたメガロサウルスの化石を産した。ただし、この化石は一八二四年まで正式に命名されていなかったし、一八三〇年代～一八四〇年代は「恐竜」という概念は登場していなかった。

## 地層同定の原理を発見

イギリス西部でジュラ紀の地層が何度も繰り返し積み重なっているのを見たので、彼は地層だけではなく、地層ユニットごとに見つかる特徴的な化石も理解した（図7・4）。さらに重要なことは、一見して似通った外観の地層であっても含まれる化石によって地層が区別できることにも気づいたことだった。これは化石による地層同定の原理として知られているものである。それは化石層序学の基礎であり、特有の化石によって地層の相対年代を推定できるということを物語っている。やがてスミスは化石を産出した地層を見なくても、化石を見ただけで自分が地層のどの部分を見ているのかがわかるようになった。スミスに助言を求めた紳士階級の地質学者は、収集された化石標本がどこから産出したのかを正しく推定し、地層の順序にしたがって収集品を並べ替えることができるスミスの能力に驚いた。

一七七九年、スミスが作成した地層ごとに特徴的な化石のリストはイギリスの地質学者の間で広く知

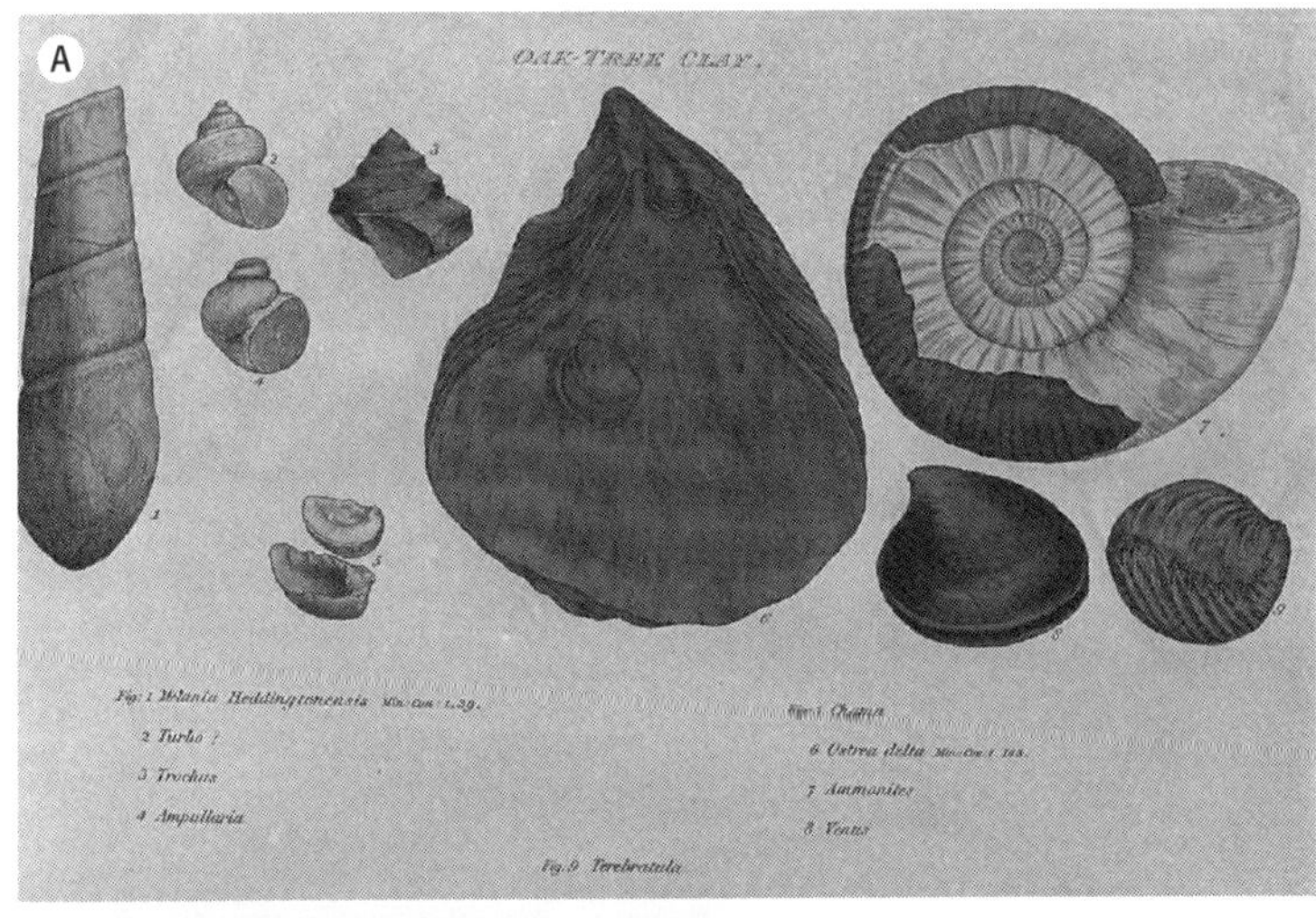

**▲◀図 7.4**
ウィリアム・スミスの化石による地層同定の原理などの発見は、各層の化石のていねいな観察と同定にもとづいたものだった
A：スミスの出版物の挿絵
B：現在は博物館で保存されているスミスの採集化石標本の写真

れわたった。しかしスミスはイングランド地方の地質図を完成させる作業でたいへん多忙だったので、それから一〇年以上はこの発見を公表することができなかった。一七九九年、スミスはバースとサマセット付近の地質図を作成し、一八〇一年にはイングランドの概略的な地質図を作成した。この地質図がイングランドとウェールズの全域の地質図を作成するという彼の最も壮大な計画の基本になった（図7・5）。次の数年間、スミスは独立した鉱物採集士として働き、観察できる限りのイギリス各地の岩石を調べて地質図を描き、また広い所有地の地質を調べようとする著名人のために働いた。

この間、スミスが出版物を公表しなかったことと自身の業績の優先権を主張しなかったため、他の地質学者たちの中にはスミスの発見を横取りし、それによって名声を得る者もいた。スミスを下層階級の労働者とみなしていた（技師と測量士も下層階級とみなされていた）、裕福で階級意識が強い当時の紳士階級の地質学者からの偏見にスミスは苦しめられた。彼らの大多数は、地質学とは趣味的なものであって、生計を立てるための「下品な」ものではないと思っていた。スミスは、収入を得るために地質学的な問題について仕事をする「職業的」地質学者とみなされていた数少ない人物の一人だった。

加えて、化石による地層同定の原理はたいへん説得力あるものだったため、フランスでたちまち広まった。ジョルジュ・キュヴィエ男爵とアレクサンドル・ブロンニャールはパリ盆地の地質図を描き、最終的にはフランスの堆積岩層と化石出現の順序を彼ら独自に明らかにした。フランスには、キュヴィエとブロンニャールが彼ら自身でその考えに到達したと主張する者もいたが、一八〇六年にブロンニャールがイギリスを訪問したときにスミスの考えを聞いていたかもしれないという者もいる。ともあれ、当時、化石による地層同定の原理の考えは間違いなく広まっていた。

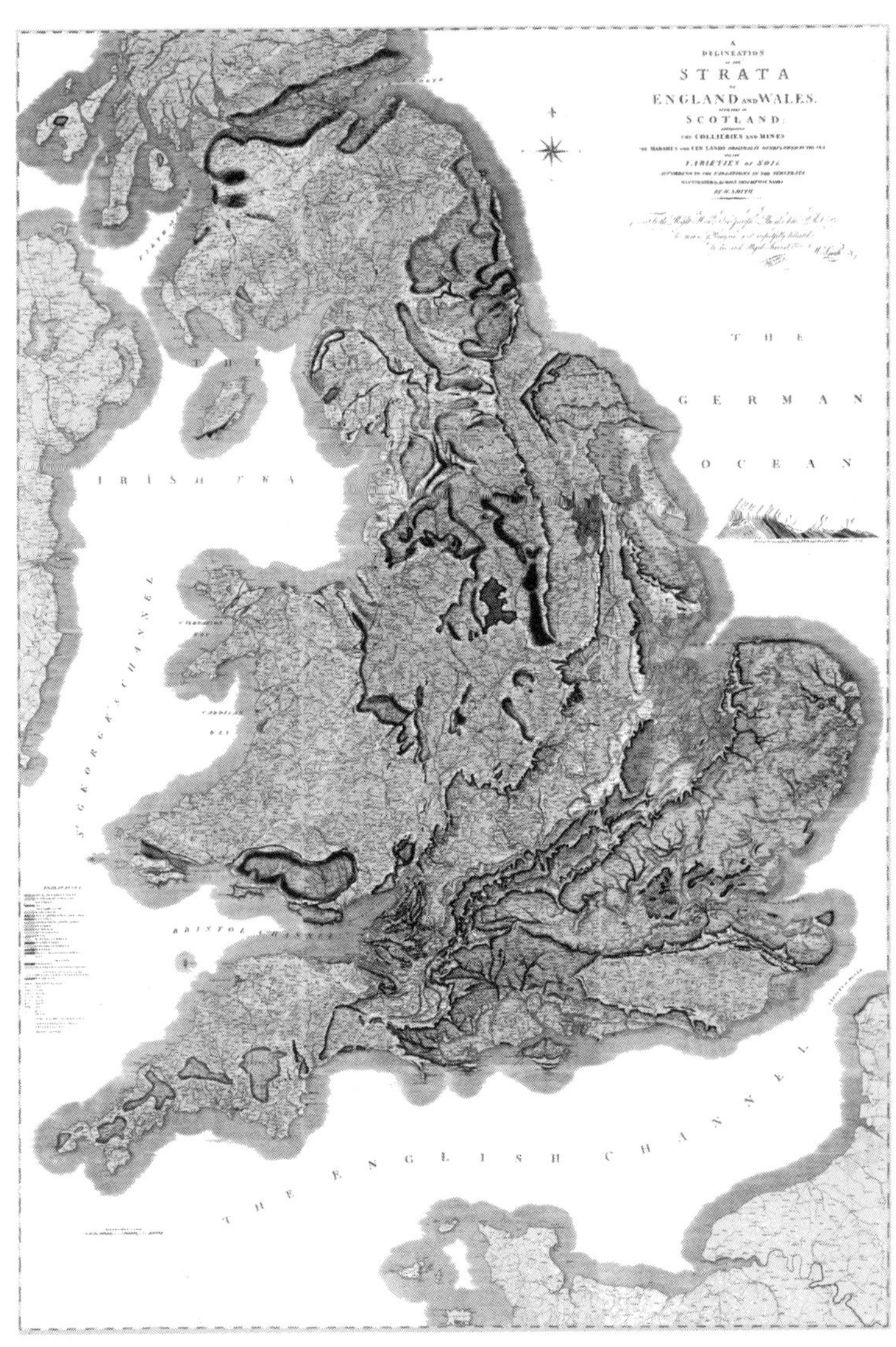


**▲図 7.5**　イングランド、ウェールズ、南部スコットランドの一部の地質図
1815 年、ウィリアム・スミスによって作成、出版された

## 収監そして名誉の回復

ウィリアム・スミスはその収入のほとんどを、イギリス全土にわたる旅行と地質図作成につぎこんだ。ついにスミスは最初のイギリスの地質図（一八一五年）を出版したが、その縮尺はたいへん優れたもので、今日でも使われている（図7・5）。地質学者サイモン・ウィンチェスターは、この地質図を「世界を変えた地質図」とよんだ。それは、この地質図が時間と空間の中での岩石の三次元的な分布と、われわれが地球の歴史とよぶもの、すなわち山地の形成、過去の海洋の移動、またとくに重要な点として鉱物資源の分布などの研究として、現代の地質学という学問分野を出発させたからだ。これ以後、地質図の作成が地球科学での最も基本的な研究手法のひとつであることから、地質学者は誰でも若い頃に地質図の作成方法を学んでいる。

一八一七年、スミスは自作の地質図を用いて、イングランドとウェールズの南のへり全体を横切る注目すべき地質断面図を描いた。断面図はウェールズ北部のスノードン山の古期岩層からロンドンの地下にある非常に新しい始新世後期の地層まで延びるものだった（図7・6）。地質断面図をこれほど大きなスケールで描き、傾斜した地層群のパッケージとして表される、一定の規則的な層序をもったわかりやすいパターンがイングランドの地層群にあることを示したのはスミスの断面図が初めてだった。

現在、この考えを示すにはグランドキャニオンのような場所をあげるだろうが、一望の下に観察できる植生がない好露頭という有利な条件がないなかで、スミスはこの考えを最初に主張したのだ。スミス

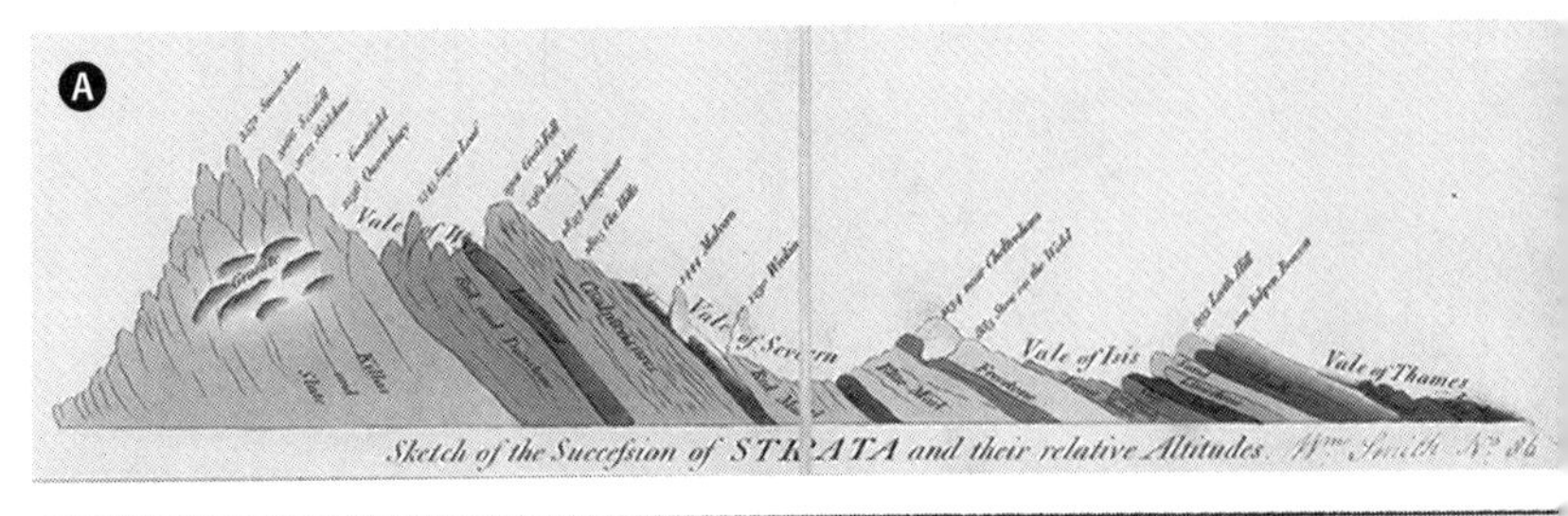


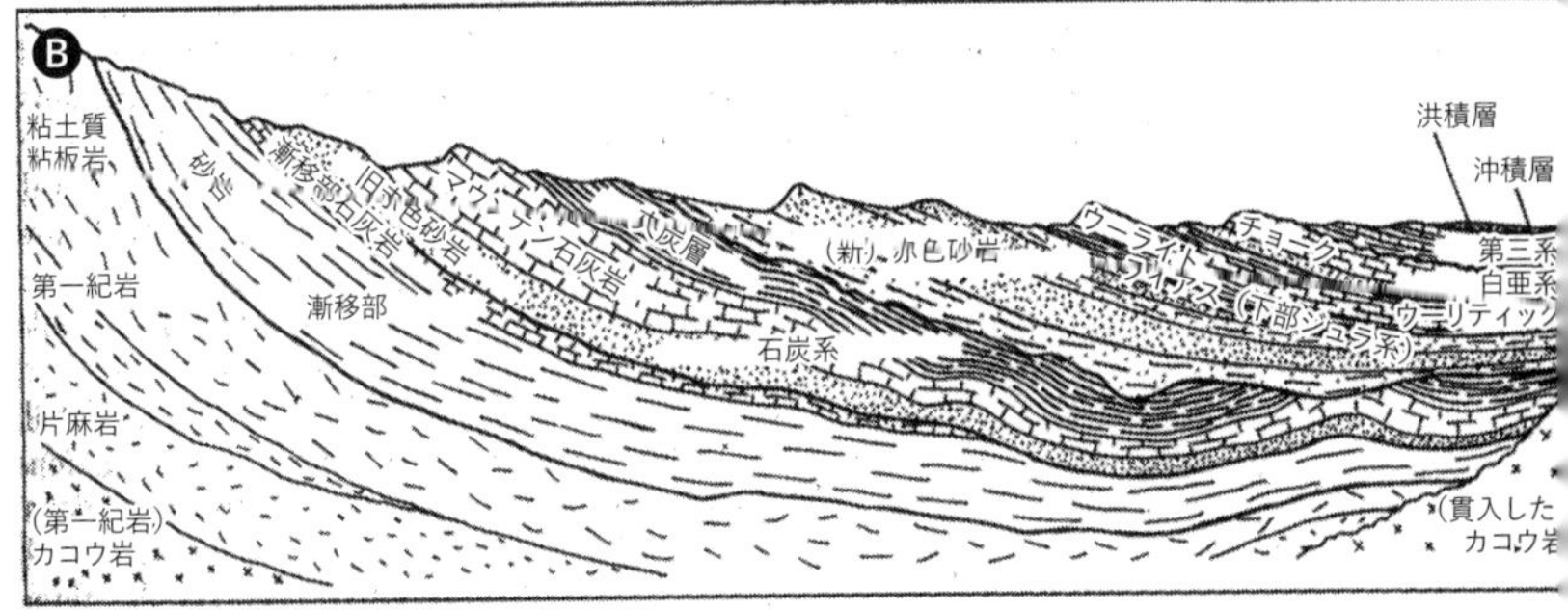


**▲図 7.6**
A：スミスによるウェールズからロンドンを通る東西方向の地質断面図。ウェールズ北部、スノードン山の最古の岩石からロンドン地域の最も新しい岩石までを図に収めている
B：1815 年にスミスによって認定された地層ユニットを示した同じ地質断面図の現代版

はその意味についての哲学的な議論には決してかかわっていなかったが、現在のわれわれにはごく当たり前の典型的な地質柱状図と地質年代スケールの基礎だった（図7・7）。

　フランスのジョルジュ・キュヴィエやアルシド・ドービニーなど、当時の他の地質学者は、いろいろな化石の多くの産出層準の複雑なパターンと実際の地層の記録を調和させようと試みていたが、世界中の地層はたった一度の天地創造とノアの洪水で説明がつくのだとする考えは急速に崩れつつあった。ドービニーは天地創造が二九回にわたって別々に起きたものであり、じつは聖書に書かれていない洪水

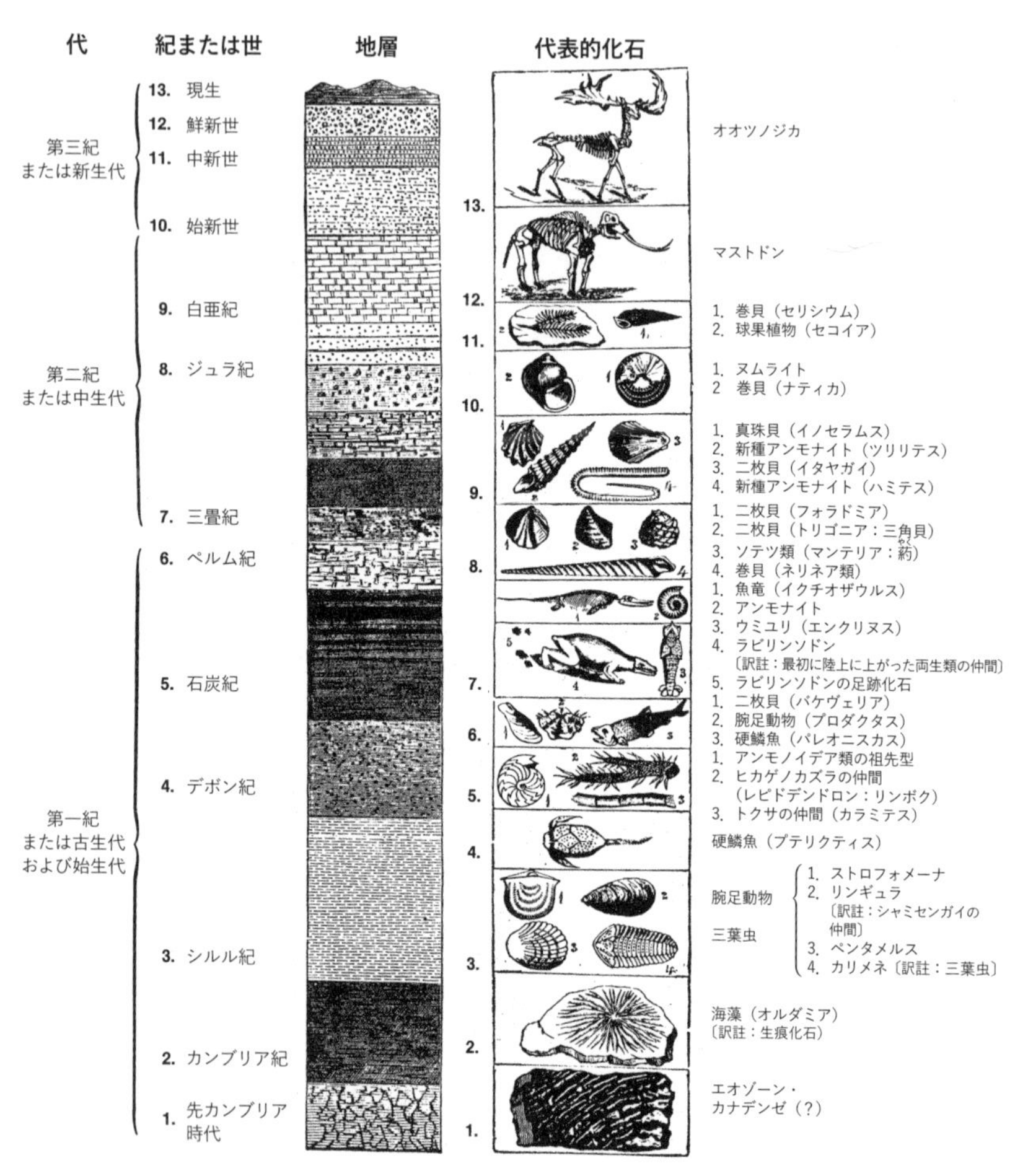


▲図 7.7　スミスの化石による地層同定の原理にもとづいて1840年代に作図された化石の産出順序を示す柱状図

も起きていたのだとまで述べていたが、地質学者が初めて実際に地質図を描き、実際の層序を記録したことによって、明らかに古いウェルナー流の洪水地質学の概念は打破されつつあった。

不幸なことに他の地質学者はスミスの業績を盗作し、その詳細な地質図の安っぽい偽物を出版することに良心の呵責を感じなかった。その結果、スミスはその壮大な事業からほとんど収入を得ることができなくなってしまった。誰もスミスの地質図や図表を買わなくなってスミスはとうとう負債を抱えてしまい、一八一九年、債務者刑務所に収容されることになってしまった。やっと釈放されたとき、一四年間住んだ自宅を失い、あらゆる財産が差し押さえられていることがわかった。幸せだった頃に彼を雇っていたジョン・ジョンストン卿がその苦境に気づくまで、スミスは巡回測量士として生計を立てていた。

ジョンストンは、ヨークシャーのスカボロにある所有地でスミスにフルタイムの仕事を与えた。そこでスミスは彼のイギリス東部の地質図を改良しただけではなく、ヨークシャー海岸の地質に特化した円形建築物を設計した。それは特定の目的をもって建設されたイギリス最古の博物館だ。スミスのデザインにしたがって博物館は高い円形の塔で、当初の化石の展示はスミスの考えを表したものだった。化石と岩石は産出順序に従って並べられ、最も新しい年代のものが陳列ケースの最上段に、最も古い年代の標本は最下段に並べられていた。壁を一周する順序は、ヨークシャー海岸での産出順序を反映させていた。過去一八〇年の間に現代風に改築され、機能が向上し、博物館は今も賑わっている。

一八三一年、人生の終わりに近づいた頃、最初のウォラストン・メダルを授けられ、また「イギリスの地質学の父」としてロンドン地質学会から賞賛を受けて、スミスはついにそのすべての画期的な研究の功績が認められた。一八三五年、ダブリンのトリニティ・カレッジから名誉博士の称号を与えられている。さらに一八三八年、ウェストミンスター宮殿を再建する敷地を選ぶ審議委員の一人に任命された。一八三九年七〇歳で世を去り、亡くなった場所の近くのノーサンプトンに埋葬された。メイフェアにあるセント・ピーターズ教会の墓地に行くと、今でもその墓標を見ることができる。

最も大切なことは、スミスが発見した化石による地層同定の原理は、相対的な地質年代を語る場合の基礎であり、そしてスミスがある地域全体の最初の地質柱状図を描いたことだ。スミスによる地質図の製作は、それ以後のすべての地質学の基本的な研究手法となり、かけ値なく「世界を変えた地質図」になったのだ。

第8章

# 放射性ウラン

## 岩石が時を刻む――アーサー・ホームズと地球の年齢

［地質時間の概念］で君はどうにかしてしまう。二つの時間スケール――ひとつは人間の情緒的なもので、もうひとつは地質時間の――は完全に違うものだ。しかし、地質時間の感覚は地質学者ではない者に伝えるべき重大なことだ。一年に数センチメートルという地質学的プロセスの速度でも長期間にわたると巨大な影響をもたらす。一〇〇万年は地質年代のスケールでは小さな数字だ。一方、人の一生涯どころか、人類の経験すべてはまさに束の間のことでしかない――。二つの時間スケールが一致するのはごくまれなことだ。

――『カリフォルニアを組み立てる *Assembling California*』で
ジョン・マクフィーが引用したエルドリッチ・ムーアズの言葉

母なる大地にその年齢を尋ねるのはいささか無作法かもしれない。しかし科学は恥知らずで、折にふれて、周知のとおり固く守られているその秘密を大胆にも手に入れようと試みてきた。

――アーサー・ホームズ『地球の年齢 *The Age of the Earth*』

## 行き詰まった地球の年代推定

地球は「始まりは痕跡を残さず」とジェームズ・ハットンが述べ、一八三〇年にチャールズ・ライエルの『地質学原理』第一巻が刊行されると、すべての地質学者たちは地球がとてつもなく古いものだということを理解した。しかし、ではどのくらい古いのだろうか？　どうすれば地球の年齢を数値で表すことができるだろうか？

問題は手強かったが、独創的な解決策すべてを試みる科学者たちがひるむことはなかった。最も広く用いられたのは、地球上のすべての堆積岩層の最大の厚さを合計し、それらが堆積するのに要する時間を計算して、それを地球の年齢の最小値として用いる方法だった。例えば、地球上のカンブリア紀層の最大の厚さのデータを集め、オルドビス紀層の最大の厚さは？といった方法だ。そして標準的な堆積速度を使ってカンブリア紀やオルドビス紀という時代がどのくらい続いたのかを推定した。この種の推定ではほとんどの場合、カンブリア紀以後約一億年が経過したと結論しているが、現在の知識ではこれは五倍近くずれていることがわかっている。なぜ、こんな結論になったのだろう。

これら初期の推定のすべてがそうであるように、誤った前提条件が試算に組みこまれていたのだ。最大の要因は、時間を表す地層が存在しない、不整合として知られている侵食作用による堆積記録の不連続を地質学者が考慮しなかったことだ。その後の研究では、堆積記録には多くの不連続が含まれ、実際には「堆積記録以上に長い堆積の不連続」があることも明らかにされている。当時の地質学者の中には、不整合に問題があるとうすうす感づいている者もいたが、その問題が現実にはどのくらい大きなものかは誰も知らなかった。

やがてアイルランドの物理学者、ジョン・ジョリーによる有名な推定が行われた。塩分が世界の河川から海洋に運びこまれる速度を知ったうえで、海洋が淡水から現在の塩分濃度に達するとしたらどれくらいの時間を要するのかを試算したのだ。彼も地球の年齢を八〇〇〇万年から一億年とする推定に達したが、それも現在われわれが知っている値からは五〇倍以上もかけ離れている。何が間違っていたのだろう？　繰り返しになるが、問題は地球形成以後、海洋には塩分が一定の割合で流入し続けているとみなした彼の誤った前提条件にあった。海水の塩分の多くは塩類堆積物〔訳註：下巻第24章参照〕として堆積物に固定されるので、海水の塩分濃度は平衡状態にあってきわめて安定しており、長期間にわたって大きく変化していないことがわかっている。

そして最も有名で、影響力が大きい推定が、有名な物理学者、ウィリアム・トムソン（のちのケルビン卿）によって行われた。ケルビン卿は物理学、とくに熱力学の分野で偉大な発見をしている。彼が絶対零度（０Ｋとして知られているが――念のため、絶対温度の単位はケルビンであって、「度」ではない。したがってこの単位には「度」を表わす記号はない）の概念の創始者だったので、絶対温度スケールは彼の名前にちなんでいるのだ。彼はまた優れた発明家でもあり、ヨーロッパと北アメリカの間の電報・電話通信を可能にした大西洋横断電信ケーブルの敷設にも協力した〔訳註：第15章参照〕。このように彼はこの時代の科学者の中では巨人であり、彼に対してあえて異論を唱える者はほとんどいなかった。

一八六二年、ケルビン卿は熱力学を使って地球の年齢という疑問に挑んだ。彼は地球が太陽と同じ温度の溶融状態の球体から出発し、地球内部から伝わってくる熱にもとづいて、測定可能な速度で冷却したと仮定した。この方法を使って、彼は地球の年齢がわずか二〇〇〇万年にすぎないと推定した。この値は多くの地質学者が認めてもよいと思っていた年齢よりもかなり小さいものであった。新しく提唱したばかりの進化の概念が機能するには、地球がとてつもなく古いに違いないと考えていたチャールズ・ダーウィンにとっても疑問だった。ケルビン卿の推定にもとづくと、生物が進化するには十分な時間が提供されないようにダーウィンには思えたのだ。

一九世紀の終わりまでの間、物理学者と地質学者は行き詰まりの状態になってしまった。どちらのグループも相手方の主張が理解できなかったし、自らの推定の欠陥を直視しようとしなかった。一八〇〇年代の後半、地質学者は論争に屈し、八〇〇〇万年〜一億年とした最初の数値から、ケルビン卿の二〇〇〇万年に近い値を捏造し始めたのだ。物理学への劣等意識は現在と同じように強いものだった！　しかしケルビン卿の推定の問題は他の研究者によるものとまったく同じところにあった。誤った仮定にもとづいていたのだ。ケルビン卿は地球の熱はもともとの太陽系に由来するものであって、他に熱源はないと仮定して地球の冷却を計算した。現在われわれはこれが誤りだということを知っている。地球は他に熱源をもっているのだ。

## それは放射能だ！

一八九六年、フランスのアンリ・ベクレルは放射能を発見し、一九〇三年にはキュリー夫妻がラジウムのような放射性物質から大量の熱が発生することを明らかにした。同じ頃、ニュージーランド出身のアーネスト・ラザフォードはこの新しいエネルギー源に関してイギリスの最先端にいた。一九〇四年、ラザフォードがこの新しい発見についてイギリスの王立研究所で講演を始めようとしていたところ、八〇歳のケルビン卿が聴衆の中にいることに突然気づいた。若いラザフォードは世界で最も有名な物理学者による地球の年齢の推定値に異論を唱えようとしていた！　のちにラザフォードは次のように述べている。

——薄暗い部屋に入って行くと、私はまもなく聴衆の中にケルビン卿がいることに気づいた。そして私の講演の最後の部分では、地球の年齢についての彼の意見と私の意見は合っていないので、困ったことになりそうだと思った。ケルビン卿がすっかり眠りこんでしまったようだったのにはほっとしたが、私の講演が大事なところにさしかかると、老大家は座りなおし、目を見開いて脅かすようなまなざしで私を見上げたのだ。突然ひらめいて、熱源が新たに見つからない限りという前提の下で、ケルビン卿は地球の年齢を推定したのだと私は言った。あの予言的な発言こそ今夜われわれが考えようとしていること、ラジウム！を指したものだ。見よ！　老大家は私に微笑んだのだった。——

ケルビン卿の推定は、地球が溶融状態だったときにもっていた熱以上に熱を発する熱源は存在せず、地球は二〇〇〇万年以下の間に冷却してしまったのだろうという誤った仮定にもとづいていた。しかし放射能はケルビン卿が仮定に用いた熱以外の熱を供給するのだ。実際、放射能はたいへん大きな熱を発生させ、地球内部から発生していることが観測でわかる唯一の熱の発生源である。ケルビン卿が考えた地球の冷却で発生するもともとの熱は、数十億年前には散逸していたことになる。地球は四六億年前に誕生したのだから、熱の散逸はまさに二〇〇〇万年間のことだったかもしれない。

## 放射性崩壊で測定する地質時間

ベクレル、キュリー夫妻、ラザフォードが放射能の物理・化学研究を切り拓き、彼らの発見は地球誕生以後に発生した熱はないというケルビン卿の仮定が間違いだったことを明らかにした。しかし彼らは地球の年齢の決定に関心がある地質学者ではなかった。放射能こそが、熱はどこから供給されたのかというケルビン卿のジレンマに答えを出すだけではなく、地球の年齢は何歳か?という疑問への答えも提供することをはっきりとわかっていたのは、バートラム・ボルトウッドとアーサー・ホームズの二人の科学者だった。

方法は単純なものだが、一般には間違って理解されている。自然界には放射性で、親原子（例えばウラン238、ウラン235、カリウム40）から、対応する安定した娘原子（それぞれ鉛207、鉛206、アルゴン40）へと、地質年代の測定に用いることができるほどゆっくりとした速度で壊変する元素が数多く存在する。この壊変の速度は正確にわかっているので、もしわれわれが試料中の親原子と娘原子の量を測定できたら、その比率は壊変がどのくらいの時間を経て行われているのかを示す尺度になる。

むろん、実際の岩石には複雑な要素がたくさんあるので、非常に特別な条件が必要になる。壊変作用は、壊変していく親原子が結晶中に固定されたときから観測され始めるので、主としてマグマが冷却して形成される溶岩流、火山灰層、岩脈を形成するマグマの貫入岩体などの火成岩に対して有効に機能する。地質年代学者（放射年代測定の専門家）は、結晶に残留する、または他から混入して壊変速度を変化させる親原子と娘原子の散逸と混合がないことが保証できる最も新鮮な結晶を手に入れようと努める。あらかじめ予想される問題を取りのぞき、信頼できる年代を得るために使用した実験装置（異なった種類の同位体を質量の違いによって分別して測定するので、質量分析装置として知られている）を正しく補正するあらゆる種類の実験手法がある。最終的には、どの放射年代にもそれぞれの測定装置から得られた測定結果が、どの程度の再現性をもっているかによる測定誤差が生じる。そのため、例えば一億年±五〇〇万年前（一〇〇万年前を表す単位はMa）という年代値を示す場合、それは真の数値年代が九五Maから一〇五Maの間のどこかにある確率が九五パーセントであることを意味している。

しかし、放射能がようやく理解されだした一九〇〇年にはこうしたことはまったく知られていなかった。物理学者はウランの壊変で放出されるヘリウムガスを測定して岩石の年代を決定しようとしていたが、ヘリウムガスをすべて捕捉するのはほとんど不可能だった。これに代わって、放射性崩壊によってウランが鉛に変化することを発見したのはイェール大学の化学者バートラム・ボルトウッドだった。ラザフォードの指摘によって、古い年代だとわかっている岩石には、より新しいと思われる岩石よりも多くの鉛が含まれていることにボルトウッドは気づいたのだ。不幸だったのは、ボルトウッドは当時広く知られていたウラン-鉛システムについてのきわめて初歩的な考えを利用していたことだ。例えば、ウランにはウラン238とウラン235という二つの異なる同位体が存在し、それぞれが異なった壊変速度と異なった鉛の娘同位体をもっていることをボルトウッドは知らなかった。それでも、ボルトウッドは手持ちの試料を分析し、一九〇七年には四億年から二二億年の範囲に及ぶ数値年代を得たのだ。これは、地質学者が長年感じていたとおり、地球がじつは何十億年もの古さであったこと、そしてケルビン卿の推定値が大きく外れていたことを示す最初の証拠となった。不運なことにボルトウッドは晩年ひどい鬱症状に苦しんで、研究は行き詰まってしまい、一九二七年に彼は自死した。

## 年代測定ゲーム

ボルトウッドは最初の年代測定実験を行った。彼のデータは岩石試料の中には年齢が二二億年のものがあることを明らかにしたが、彼がその画期的な成果をさらに追求することはなかった。地質年代学という新しく芽生え始めた分野を担い、確固とした科学に発展させることは若いイギリスの地質学者、アーサー・ホームズ（図8・1）にゆだねられた。一八九〇年、ゲーツヘッドという小さな町（スコットランドとの境界に近いダラム近郊）で中産階級の家庭に生まれ、ホームズはもともとインペリアル・カ

**▲図 8.1**　地質年代学への道を歩み始めた、大学院在学中の若き日のアーサー・ホームズ（1912 年撮影）

レッジ（現ユニバーシティ・カレッジ・ロンドン）で物理学を専攻するつもりだった。しかし二年生のときに、指導教員の助言に反して地質学のコースを選択し、自身が求めていたものを見つけたのだった。
ホームズは優秀な学生で、すぐに研究活動に入った。彼は放射能という最も注目されている問題を手にし、ボルトウッドによるウラン－鉛年代測定についての一九〇七年の論文に計り知れない可能性が含まれていることに気がついた。卒業研究として、彼はノルウェーのデボン紀カコウ岩の年代を測定することにした。彼はクリスマス休暇を短縮し、静まりかえった実験室で一人作業しながら、「休暇中の休業期間」をロンドンで過ごした。指導教員だった物理学者、ロバート・ストラットはのちに回想している。

現在、王立天文台、王立協会など他の公的機関が所有する実験装置を借りて何とかその場をしのいでいるのがほとんどで、一方で個人的な友人から借りたものもありました。教員が学生の教育のために友人に実験設備の借用を乞わなければならなかったのは、インペリアル・カレッジのような研究機関が威厳にかかわる状況にあったことはいうまでもありません。

ホームズは一九一〇年一月、寒くて、静かで、寂しい実験室で作業を続けた。それはメノウ製の乳鉢で岩石を粉末になるまで粉砕し、その粉末と硼砂（ほうしゃ）を白金のルツボでまぜて、腐食性がきわめて強いフッ化水素酸でそれを溶かし、それから放出されるラドンを測定（ウランがどのくらい含まれているかを間接的に測定する手法）しながら何度も沸騰させるというものだった。鉛の含有量は、固形物に粉末をまぜ、そのあとそれを沸騰させ、塩酸で二度溶解させたのちに水分を完全に蒸発させて測定された。その次に彼は、硫化アンモニウムの中で加熱して硫化鉛（方鉛鉱という鉱物名で知られている）として鉛を沈殿させた。沈殿物は濾紙で集められ、乾燥させたのち、燃焼し、さらに硝酸で処理して、沸騰させ、硫酸で処理し、再び沸騰させた。最終的にはホームズが述べたように、「細かな白い沈殿物が残った。これを小型の濾紙で集め、アルコールで洗浄し、乾燥させて燃焼し、そしてできる限りの正確さで重さを定量した」。わずか数ミリグラムしか残らないこともしばしばだった。

こうした複雑な化学処理には、信じられないほどの忍耐強さ、並はずれた器用さと長い時間を要し、手持ちの試料すべてを使いきってしまうこともよくあった。何よりも、その測定結果が検証されなくてはならなかった。そのため、もとの試料を彼がどのくらい残していたかによるが、実験全体を二度から五度繰り返し行わなければならなかった。ラドンが室内に漏れ出したため、データすべてを廃棄しなくてはならないことも一度あった。割り当てられた岩石試料を使いきってしまい、大英博物館に試料の追加を願い出なければならないこともあった。しかし、ようやくこの困難な作業は実を結び、ホームズはノルウェーのデボン紀カコウ岩に対して三七〇Maという信頼できる年齢を得ることができた。ホームズはもとのボルトウッドの手法を大幅に改良し、ウラン－鉛年代測定法が有効で、岩石の年代を測定することができることを実証してみせたのだった。その結果は、彼が卒業した直後の一九一一年に公表された。

ホームズは年間六〇ポンドというわずかな奨学金で何年も生活して、たいへん貧しくなったので、しばらくの間休学し、学資を稼ぐためにモザンビークで鉱床探査の仕事についた。そこで六カ月間働いたが、何も見つけることはできず、ひどくマラリアに苦しんだので彼の同僚たちは彼が死んだという手紙を家族宛に送ったほどだった。彼はようやく回復し、帰国便に何とかして乗船できるよう手配した。帰国後、ホームズは母校、インペリアル・カレッジの実験助手（下級講師）になった。彼は、ウラン－鉛年代測定法の研究に復帰し、ウランと鉛の二つの異なる同位体が存在し、それは年代測定の中で理解されなければならないということをつきとめた。

一九一三年、ホームズはたいへん多くの新しい結果を得て、そして測定方法に多くの改良を施していたので、大学院在学中に、画期的な一冊『地球の年齢』を執筆することができた。その中でホームズは地質年代学の基本原理を解説し、地球の年代測定の初期の方法にまつわる問題点を議論しただけでなく、最終的にはケルビン卿の誤った推定を葬り去ったのだ。ホームズは一六億年というイギリスで最も古い岩石のいくつかも数値年代を測定したが、地球の年齢を推定することを拒んでいる。後年の改訂版にはさらに古い試料の測定結果が含まれているが、ホームズは一九五〇年には、現在われわれの推定値である四六億年という年代値を得ていた。

彼は初期の研究で一九一七年にユニバーシティ・カレッジ・ロンドンから学位を授与されている。しかし第一次世界大戦がヨーロッパ中に広まり、下級講師のわずかな給料では生計を立てるのは困難だった。家族の生活費を稼ぐために、ホームズは一九二〇年、ミャンマーの石油会社でもう一度、資源探査地質学の職に挑戦しようと決心した。しかし石油会社は破産し、ホームズはアパートが壊れた一九二四年、イギリスに帰国した。これは彼一人の悲劇ではなかった。彼の三歳になる息子がミャンマー到着後すぐに赤痢に感染し、そこで命を落としたのだ。

幸運にも、一九二四年の帰国後、その初期の評価と研究成果で彼は生まれ故郷に近いダラム大学で地質学の講師の職を得た。そこで彼は一八年間、地質学を教え、そして世界中から得た数値年代のデータベースに追加と修正を施した。彼の業績はその分野でたいへん卓越していたので、ホームズは「地質年代学の父」あるいは「地質年代スケールの父」として知られるようになった。一九四三年、イングランドとスコットランドの境を越えて、エジンバラ大学に移り、そこで一九五六年に六六歳で退職するまで一三年間の職務を全うした。

## プレートテクトニクスの創始者

大学レベルの地質学を教えながら、ホームズは入門書的な地質学の教科書を執筆する経験を積み重ねていた。最初に世に出たのが一九四四年で、ホームズの『一般地質学』は、数世代にわたってイギリスの地質学専攻の学生の標準的な教科書になり、何度も版を重ねた。しかしこの教科書はまったく従来の型通りのものではなかった。初版の最後の章でホームズは、一九一五年にドイツの気象学者アルフレッド・ウェゲナーによって提案されたが、なお議論が多い大陸移動説を全面的に取り入れたのだ。この仮説は当時のほとんどの地質学者によって完全に否定されていたが、しかしホームズは証拠を見ていた——アフリカと南アメリカの岩石が一致するのだ〔訳註：下巻第18章参照〕。

ホームズはさらに踏みこんだ。放射性物質がどのように地球内部の熱を発生させるのかについて彼が

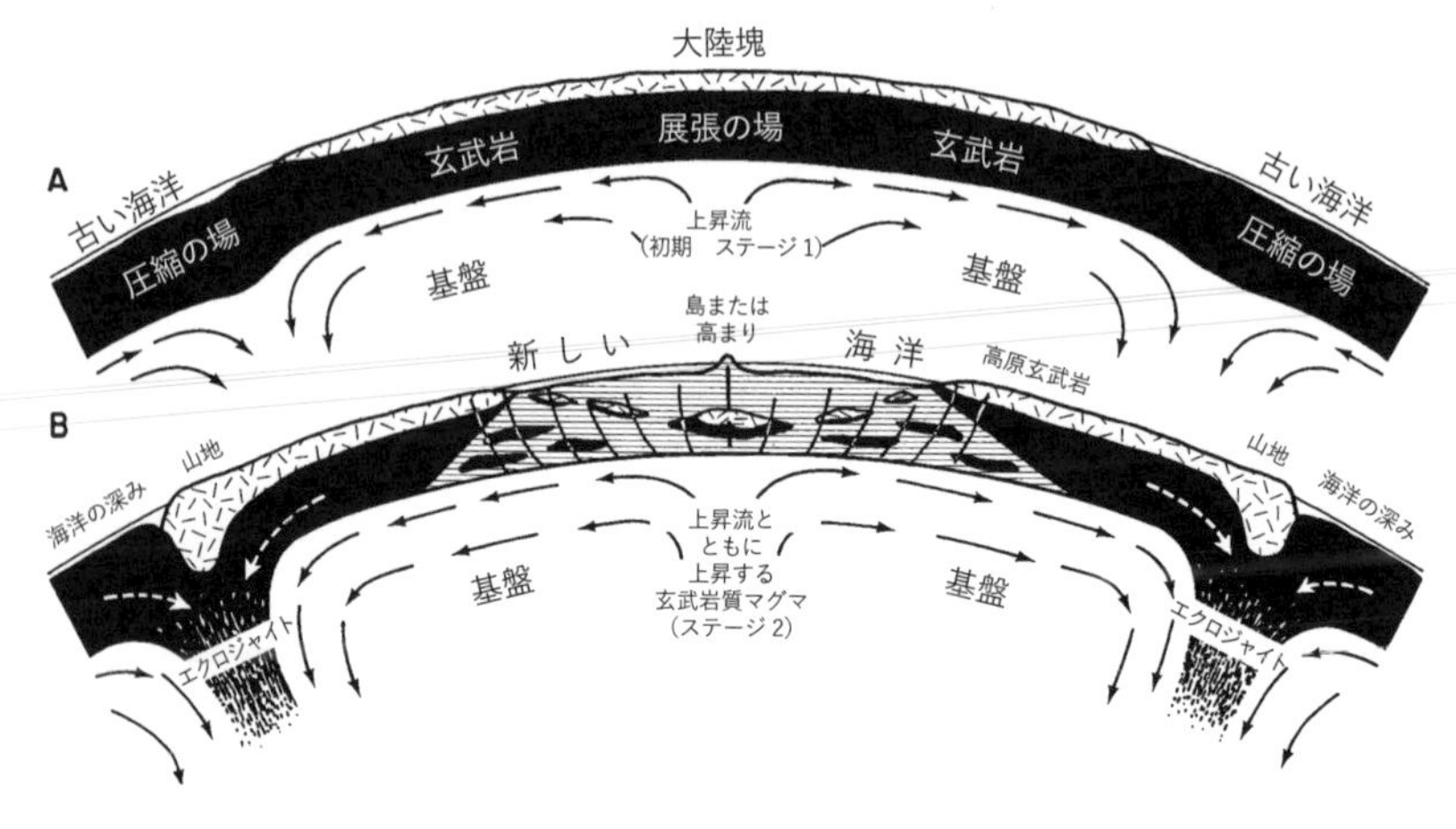


▲**図 8.2**　大陸と海洋を移動させるマントル対流を描いたホームズの図
アーサー・ホームズ著『一般地質学』(1944 年、ロンドン、トマス・ネルソン刊) より

理解するところを使って、「地球は巨大な熱機関だ」というジェームズ・ハットンの考えの謎を解いてみせた。一九三一年に出版した論文で、ホームズはこの熱こそがその上に載っている大陸を移動させるマントル内の巨大な対流を発生させるのだということを最初に示唆したのだ(図8・2)。

さらに彼は一九五〇年代後半、海洋底拡大の証拠が現れる何十年も前に、海洋底が拡大して離れていくに違いないという概念を主張した。

晩年になって、ホームズはほとんど独力で地質年代測定の問題を解決したことに対して次々と名誉を受けるようになった。彼は一九四二年、王立協会の会員に選ばれ、一九四〇年にはロンドン地質学会からマーチソン・メダルを、そして一九四六年にはウォラストン・メダルを授与されている。また一九五六年、アメリカ地質学会の最高の栄誉であるペンローズ・メダルを受けた。そして亡くなる一年前の一九六四年、地質年代学だけではなく、新たに台頭した分野であるプレートテクトニクス〔訳註：下巻第22・23章参照〕にも貢献したことに対して、「地質学分野のノーベル賞」ともいわれるヴェトレセン賞が授けられた。

# 第9章 コンドライト隕石
## 宇宙からのメッセージ——太陽系の起源

精神の問題を超えて、ほとんどの芸術的なひらめきは自然界に存在する。私の場合、美しい隕石こそが、天空にあって眺め続けていることができる芸術的なひらめきに最も近い存在である。

——ダリル・ピット

### 青天の霹靂（へきれき）

一九六九年二月八日、メキシコ、チワワ州の小さな村プエブリート・デ・アエンデは深夜だった。人びとは早々に眠りについていた。午前一時五分、突然南西から巨大な火球が現れ、夜空に輝いて地面を昼間よりも明るく照らした。それは宇宙からおよそ秒速一六キロメートル（時速五万七六〇〇キロメートル）で落下してきた自動車ほどもある大きさの隕石だった。燃えながら空から落ちてくる岩石塊の金属音と、それが落ちたときに地面を揺るがしたものすごい爆発音で住民たちは飛び起きた。落下の衝撃は、幅五〇キロメートル、直径八キロメートル、面積約二五〇平方キロメートルの範囲に隕石の小さな破片のほか、衝突クレーターから飛び出した岩石の破片も含む岩屑を飛散させた。

夜が明けて、隕石が落下した地点に陽がさしてようやく明るくなると、何が起きたのかを見ようと恐怖におびえた住民たちが家から出てきた。昨夜宇宙から地上に降ってきた岩石の無数の破片を拾い上げると、彼らは何が起きたのかすぐにわかった。地元の役人と住民が隕石の破片を探しまわったが、幸い負傷したり死亡したりした者はいないようだったし、深刻な被害も見あたらなかった。

科学者たちはニュースが流れるやいなや、現場にかけつけようとした。ヒューストン大学の隕石学者エルバート・キングは一九八九年に著書『月への旅行――アポロ計画とその科学に対する個人的評価 *Moon Trip: A Personal Account of the Apollo Program and Its Science*』で次のように書いている。

テキサス州、クロスビー近くの隕石落下の調査がうまく進んでいなかったとき、ニューメキシコ州南部とメキシコ北部でたいへん明るく輝く火球が目撃されたことをカーラジオで聞いた。研究室に引き返して、私の代わりに何本か電話を入れるようにスペイン語が堪能だった秘書に頼んだ。私はまずチワワ〔訳註：チワワ州の州都〕の新聞編集者に連絡をとった。私たちは長い時間、隕石落下に伴う現象について話したが、チワワ付近には破片は落下していなかった。最後に私は当たり前のことを訊ねた。「隕石の破片を持っている人を誰か知りませんか?」「おお、知っていますよ」、彼はそう答え、ずっと南のイダルゴ・デル・パラルの新聞編集者に電話してみるよう勧めてくれた。私の秘書はコリア・デル・パラル紙の編集者、ルーベン・ロチャ・チャベスの居所を探りあてた。彼は明るく輝いた火球が真夜中、どのようにして轟音とともに爆発したのか、そしてパラルの近くの広い範囲に破片の雨をどのように降らせたのかを詳しく話した。チャベス自身、隕石のいくつかの破片を机の上に置いており、どのようなものかを私に話してくれた。地上に落ちてきたばかりの石質隕石の破片を彼が持っていたことに疑いはなかった！　チャベスは、パラルへ来て彼が持っている隕石の破片を観察し、標本を採集するように誘った。情報と招待への礼を言って、すぐにそこに向かうと伝えた。

飛行機のスケジュールを急いで調べたところ、パラルに行くのは簡単そうではないことがわかった。エル・パソには行けるだろうが、そこはまだパラルの五〇〇キロも北だった。しかしそれが最速の行程だった。秘書は私の手続きに必要な書類を整えると約束してくれた。私は少しの衣類を取りに自宅に立ち寄って空港に向かった。

運よく飛行機は定刻で離陸したが、着陸装置の不具合で指示器が点灯し、着陸装置を交換する間、サンアントニオから五時間われわれは離陸することができなかった。エル・パソに到着したときにはすでに暗くなっていた。レンタカーを借り、通関して、南に向かって車を走らせた。その放射性物質の短い半減期を測定するには隕石をただちに回収することが重要だった。これはLRL［ヒューストンの月探査実験機構］の放射線計測研究室の重大な実験になりうるものだった。夜のメキシコのハイウェイを運転するのは難しかった。最良の方法はメキシコナンバーの車の約九〇メートル後ろをついていくことだった。時速一三〇キロで運転するドライバーもおり、ブレーキライトや砂ぼこりを見たときは、そのドライバーがハイウェイでロバに気づいたのだとわかった。パラルには夜明け直後に到着した。ホテルにチェックインして、顔を洗って濃いコーヒーを飲み、卵とトルティーヤを食べた。そして新聞社のオフィスを探しに出かけた。私は編集者が到着するのを待っていた。彼の机の上に置かれた二つの大きな隕石の破片を見て私は驚いた。ひとつは一三キロ以上の重さがあったのだ。

最大の驚きは隕石のタイプだった――それはまれにしかない炭素質コンドライトだった。コンドライト隕石とは、コンドリュールという論争の的になっているケイ酸塩の微小な球状体を含んでいる石質隕石のことだ。炭素質コンドライトは多量の炭素と有機化合物を含むコンドライト隕石である。チャベスのオフィスにいたとき、電話が鳴った。チャベスは受話器を私に渡した。それは隕石についての情報をほしがっているスミソニアン国立自然史博物館の共同研究者からの電話だった。彼はヒューストンにある私の研究室に電話をし、秘書が新聞社の電話番号を教えたのだった。私はほとんどわかっていない旨を彼に伝えた。私は机の上に置かれた二つの隕石をどうするつもりなのかを編集者に尋ねた。彼は、それらが国立自然史博物館で保管してもらえることになっていると言った。それが一番よいと彼の考えに賛成したが、私はどうしても追加試料を採集したかった。編集者は市議会議長か市長を訪問する必要があると言った。私はアメリカ航空宇宙局（ＮＡＳＡ）の公式代表として扱われることになった。

市長のカルロス・フランコ氏はとても丁重で、私のスペイン語が貧弱でそして彼はほとんど英語を話せなかったけれど、われわれは打ち解けて会談した。私は編集者を通訳として、一般論として隕石が科学的にいかに重要なものか、そして今回の特別な隕石がきわめて希少な隕石であるかを説明した。フランコ氏は私への協力を惜しまず、私が必要とするだけの期間、警官一人と公用車を割り当ててくれたのだ。

私たちは試料が発見された場所に車で移動した。追加試料を回収するのは容易だった。みんな小さな隕石の破片を持っていたが、私はもっと大きな破片がほしかったのだ。警官が通訳し、交渉を仕切ってくれたので、私は地元民からそれらを買い上げた。標本が発見された、いくつかの地点も記録した。隕石は広い範囲に降り注いでいた。ある大きな隕石がプエブリート・デ・アエンデの郵便局からわずか九メートルのところに落ちていた。隕石は最も近くにある郵便局の名前をとって命名されるのが一般的で、この隕石はほとんど自動的に命名された。火球、その飛行方向、ものすごい轟音、あらゆる場所に落ちてくる隕石、深夜に教会に駆けこむ人びとのことなどたくさんの話を聞き取った。私は二つの大きな標本を含めて一三個の隕石を採集した——とりあえず十分な試料だ。

エルバート・キングに続き、世界中の博物館や大学の大勢の研究者は、見つかる限りのアエンデ隕石の破片を使った研究を行った。惑星科学の分野が発展しつつあり、アポロ計画のおかげで研究資金にも恵まれていたので、アエンデ隕石は隕石研究にとって特別に重要な時期に飛来したのだ。アポロ一一号の二人の乗組員（ニール・アームストロングとバズ・オルドリン）は月面に着陸した最初の人類で、彼らの月面歩行はアエンデ隕石落下の数カ月後のことだった。すべてを合わせると計三トン以上になる数千個の破片が採集され、四八年後の今でも小さな破片が見つかる。事実、たった一グラムか二グラムの小さな破片が手頃な値段でインターネット上で売られている。このような世間の関心の高さのおかげで、アエンデ隕石は歴史上最もよく研究された隕石である。

## 初期太陽系の痕跡

アエンデ隕石は、最も希少かつ最も重要な、炭素質コンドライトといわれる隕石の一種である。この種類の隕石は古くから採集されていて博物館の標本棚に収まったままである点からすると、アエンデ隕石はたいへん例外的だった。アエンデ隕石に先だって最もよく研究された炭素質コンドライトは、一八六四年に落下し、フランスで発見されたオルゲイユ隕石だった。他にも小さな破片がいくつか知られているが、詳しく研究されていなかった。オルゲイユ隕石中の短命な同位体のすべては壊変から長時間が経過してしまい、なかには採集されるまで長い間、地表に転がっていたために風化、変質してしまったものもあった。これとは対照的に、アエンデ隕石は新鮮な落下物で、標本は落下後すぐに分析を始めることができたし、風化や異物の混入が生じる時間もなかった。

コンドライト隕石は、初期太陽系から形成され、惑星より前に存在した、ある特別な種類の隕石である。コンドライト隕石は始原的な宇宙塵、または太陽系星雲、またはサイズが小さかったために核とマントルに分離しなかった小型の天体に由来する宇宙塵と細片でできている。そのためコンドライト隕石は初期太陽系の進化の重要な手がかりなのである。名前は、隕石が合体したとき一緒に凝集した初期太陽系起源の古い粒子で、コンドリュールとよばれる微細な球状粒子に由来している（図9・1）。

　小型のコンドライト隕石は珍しいわけではないが（採集品の中で約二七〇〇個、または全隕石標本の八六パーセントがコンドライト）、ある種類のコンドライト隕石はきわめて希少なのだ。その中で、アエンデ隕石のような炭素質隕石はすべてのコンドライト隕石の五パーセント以下でしかない。それらは他の隕石に比べると炭素含有量が比較的高いのでその名前がつけられており、しばしば初期太陽系に由来する含水化合物をなおも含んでいる。これは、炭素質コンドライトは他の隕石に比べて太陽のはるか遠くで形成されたため、その炭素や水が完全に散逸するほどには十分に加熱されなかったためだと考えられている。

　研究者がアエンデ隕石の試料を実験室でいったん所有すると、彼らは可能性のある情報の一端を求めて隕石落下跡を掘削した。コンドリュールを取り囲むマトリクス部分の全体組成から初期太陽系の惑星間塵リングの組成について素晴らしい仮説が生まれた。また他の研究者で、隕石中のコンドリュールの化学的性質に着目した者もいた。その中で最も興味深いのは、「ＣＡＩ」またはカルシウムとアルミニウムに富む包有物粒子であった。これらの粒子はじつに珍しい化学組成をもっていて、カルシウムとアルミニウムに富んでいるだけではなく、ケイ素、酸素、鉄および他の元素にも富んでいるのだ。その組成はそれ以外の初期太陽系のものとはまったく違っている。そのため、ＣＡＩは他の物質の大部分が集積する前に、太陽系の最初期段階の高温条件下（一三〇〇Ｋ以上＝約一〇〇〇℃以上）にあった原始惑星系円盤の物質から形成されたものと考えられている。

　太陽系の最初期の形成史の本質を見抜くことをわれわれに教えてくれるばかりか、炭素質コンドライ

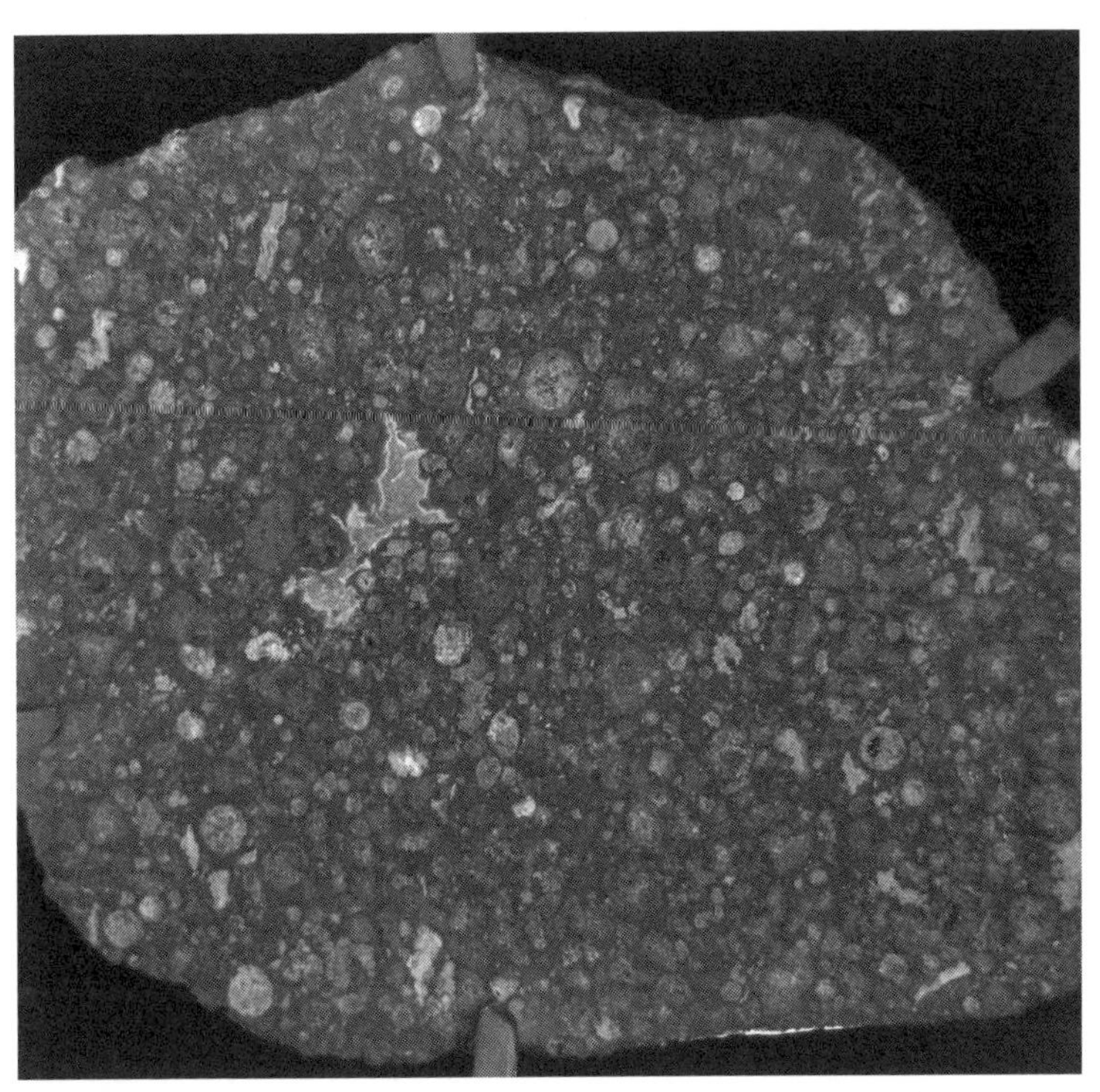

**▲図 9.1**　コンドリュールとよばれる初期太陽系物質からなる球状粒子が密につまった構造をもつアエンデ隕石の切片試料

ト隕石は太陽系が誕生した時期も示してくれる。アエンデ隕石はコンドリュール（ＣＡＩも含まれる）を含んでいて、それを用いるとウラン－鉛年代測定法による数値年代が得られる。この年代値は地球の誕生よりも三〇〇〇万年古く、地球で最も古い岩石または鉱物よりも約二億年古いのだ。北西アフリカで見つかった別のコンドライト隕石中のＣＡＩは、これまでに測定された中では最も古くて、太陽系の誕生にふさわしい値である四五億六八二二万年±一七万年という年代測定値が得られている。

研究者たちは新しい分析項目を考え、一九六九年にはまだなかった新しく優れた分析技術が開発されるにつれて、アエンデ隕石と他の炭素質コンドライトの研究成果が次々と発表されている。一九七一年、研究者たちは放射線によるダメージであることが明らかな微細な黒い模様（一平方センチあたり一〇兆個）を発見した。これによって、隕石が地球の近くから飛び始めたのではなく（地球は磁場によって遮蔽されている）、地球から遠く離れた場所で、しかも地球が磁場を獲得する以前、すなわち天体（最古の月の石を含む）に放射線が激しく降り注いでいた頃に形成されたことが明らかになった。最初に月の石を分析したのと同じカリフォルニア工科大学の実験室（冗談で「変わり者の収容所」とあだ名がつけられた）で、一九七七年、研究者たちはアエンデ隕石から、太陽系誕生のきっかけになったかもしれない超新星による衝撃波に由来したらしいクリプトン、キセノン、窒素などに加えて、新しい形のカルシウム、バリウム、ネオジムなどの元素を発見した。

さらにもっと重要なことは、アエンデ隕石が放射性アルミニウム26の放射壊変で生まれる希少な同位体、マグネシウム26を含んでいることだった。この壊変はたいへん速く進行し、太陽系が形成されたすぐあとに発生していたに違いない。しかしアエンデ隕石中の多量のマグネシウム26の存在は、初期地球など太陽系のすべての岩石にもマグネシウム26が多量に含まれていることを意味したのだった。そして長年の疑問に答えた。初期の地球を高温にして溶融させ、その結果、マントルから核を分離させたのは何だったのか？　その答えは？　初期地球が大量に含んでいたアルミニウム26が、崩壊によって何度も地球を溶融させるに十分な熱を何度も発生させていたためだ。

## 隕石中の生命

一九六九年が隕石研究にとって特筆すべき年だったことは事実である。一九六九年九月二八日、オーストラリア、ビクトリア州のマーナソン付近にもうひとつの炭素質コンドライトが落下したのだ（図9・2）。地元の人びとは午前一〇時五八分頃火球を目撃したあと、大気中を落下してくる音に続いて、その衝撃を感じた。火球を見てから約三〇秒後に、地面の震動を感じている。隕石は落下中に大きく三つの破片に割れ、衝突の後さらに砕けて一三平方キロメートル以上の範囲に飛散した。多くは重さが七キログラム以上で、最大の破片は六八〇キログラムもあって、納屋の屋根をつき破り、干し草の山の上に着地した。

それ以前に見つかった炭素質隕石にはない有機化合物を含んでいたので、マーチソン隕石は他の炭素質コンドライト以上に重要であることがわかった。当初の研究からは一五種類のアミノ酸が発見され、

**▲図 9.2**　大型のマーチソン隕石の破片のひとつ。現在はスミソニアン学術協会の国立自然史博物館に展示されている

さらに高感度の分析技術を使った最近の研究では七〇種類のアミノ酸とさらに複雑な化合物が発見されている。アミノ酸は生命の構成単位だったし、地上の暖かい小さな池でのみつくられうると考えられていたので、アミノ酸の発見は衝撃的だった。

一九五三年に遡って、有名なミラーとユーレイの実験で、初期地球の大気と海洋が実験装置内で模擬的につくり出された。スタンリー・ミラーとノーベル化学賞を受賞したハロルド・ユーレイは単純にアンモニア、メタン、窒素、水（しかし、酸素は含まれない）の混合物を加熱することによって、初期地球は生命が用いるアミノ酸のほとんどを発生させることができることを示した。いまやマーチソン隕石はこの過程が広範囲にまた実際に起きており、そして地球誕生よりもずっと以前にアミノ酸が初期太陽系の至るところで合成されていたのだということを示した。事実、多くの研究者は、地球の生命は宇宙から飛来したアミノ酸に起源をもっており、つまりすべての生命は地球外に起源をもっていると考えた。

さらに重要なことに、マーチソン隕石中のアミノ酸は右手型と左手型〔訳註：地球上の生物の基本的構成物質であるタンパク質を構成するアミノ酸の分子構造で、左手と右手のように互いに鏡像関係にあるもの。地球生命のアミノ酸はほとんどが左手型である〕の混合物だった。これは、含まれる分子が非対称で、ひとつがもう一方の鏡像だという化合物の特性である。これは仮に隕石が運びこみ、宇宙から降ってきたアミノ酸から地球生命が発生したとしても（あるいは生命が地球の暖かく小さな池で自ら発生したとしても）、生物学的に重要なすべての分子（ある種の糖類をのぞいて）は左手型であって、偶然に左手型分子だけを利用した単一の初期生命から受け継いだに違いない特質だ。いわば、それはすべての生物にとって唯一の共通祖先が存在することを意味する。

だから、もし次に博物館を訪れて陳列中の炭素質コンドライト（アエンデ隕石またはマーチソン隕石ならなおさら）を見学するときには、敬意を表してほしい。それはおそらくこれまであなたが出会った中で最も古い隕石であり、惑星が形成される前の最初期の太陽系のひとかけらだからだ。さらにその隕石は、地球生命を発生させた最初の場所にその起源物質を運んできたかもしれないのだから。

# 第10章 鉄隕石
## 他の惑星の核

私が小さかったとき、父が流星群を見に連れて行ってくれた。深夜に父が私を起こしたときは驚いて心臓がどきどきした。父が何をしようとしていたのかわからなかった。父は何も言わず私を車に乗せて出かけた。私は人びとが毛布に横たわって空を見上げているのを見た。

——スティーブン・スピルバーグ

### 論争のクレーター

アリゾナ州ウィンズローのペインティッド砂漠の真ん中で州間高速道路四〇号線にのってほんの二九キロ西に行くか、または四〇号線でフラッグスタッフから東へ六〇キロばかり行くと、メテオ・クレーター（図10・1）への分岐点に着く。ここは別の観光地だと標識には書かれているが、そうではない。ここはまさに自然がつくり出したアメリカ随一の素晴らしい風景のひとつだが、アメリカ国立公園局、

▲**図 10.1**　メテオ・クレーター（バリンジャー・クレーター）
A：上空からの全景
B：周縁壁から見たクレーター

林野局、土地管理局、そのほかどのような政府機関の保護下にもおかれておらず、個人が所有しているのだ。もともとはその北西約一九キロにあったゴーストタウンの名前をとってキャニオン・ディアブロ・クレーターとして知られていた。また、別の古い名前はクーン・マウンテン・クレーターだった。

一八九二年にメテオ・クレーターについて論文を発表したアメリカ地質調査所の有名なグローブ・カール・ギルバートのような初期の地質学者は、それは火山の噴火口だと主張した。この地域には火山の噴火口がふつうにみられ、とくにフラッグスタッフの北の地域にはサンフランシスコ・ピークス、サンセット・クレーターというごく最近の火山活動の事例があるので、これはあながち理にかなわないことではなかった。ギルバートは輝かしい名声を得ていた。彼はコロラド高原で地質図を描き、その多くの重要な特徴を記載していたし、巨人な湖がかつてソルトレイク・シティやボンネビル・ソルトフラッツにあふれ出したことを明らかにし、また一九〇六年のサンフランシスコ地震〔訳註：下巻第23章参照〕による地質学的変動を記録する現場にもいたのだ。

ギルバートはクレーターを徹底的に研究し、それが火山性、おそらく水蒸気爆発だったと最初に結論を下したが、あるとき彼は隕石衝突説を真剣に考えたこともあった。ギルバートによると、付近の隕石飛散物は偶然の一致にすぎなかった。隕石衝突説に反対する彼の主な証拠は、クレーターの内部に隕石由来の物質が見あたらないところにあった。周縁部のまわりにある大量の砕けた岩石がクレーター自身を埋めているにすぎず、その中央部には外来の鉄やニッケルはみられなかったし、隕石がクレーター内部に深く埋まっていることを示す磁気的兆候もなかった。したがってほとんどの地質学者はギルバートの見解に賛成しており、クレーターが火山の噴火口以外の何かではないかという意見には疑問を呈した。

▲図 10.2　キャニオン・ディアブロ隕石の破片

しかし、地質学者の間で支配的だったこの見解に賛成しない者もいた。その中に鉱物学者アルバート・E・フーテがいた。その数年前にフーテは、現在の州間高速道路四〇号線に平行する鉄道を建設していた地元の鉄道会社の重役から試料を受け取り、ひと目でそれが隕石だということに気づいた。フーテはクレーターへの探索隊を率い、重さ二七二キログラムを超える破片を含む何百もの隕石の破片を発見した。

これらの隕石（図10・2）はほとんどが鉄とニッケルでできている点で特異だった。言ってみれば、きわめて重要な意味をもつ種類の隕石だったのだ。中には小さなダイヤモンドが含まれるものさえあり、それは超高温・超高圧状態を経験したことの証だった。

フーテはクレーターをていねいに記載し、現在もなお世界的に最も権威のある科学雑誌のひとつ、アメリカ科学振興協会刊行の「サイエンス」誌に自身の発見を発表した。

火山噴火口説に同意しなかったもう一人の人物は鉱山技師で、実業家でもあったダニエル・M・バリンジャーだった。一八九四年、バリンジャーはアリゾナ州コチーズ郡にある連邦銀鉱山で一五〇〇万ドル以上を稼ぎ、その中で採掘作業を経験し、投資に使えるだけの元手を手にした。彼はこのクレーターが隕石衝突孔だと確信していたので、それに財産を投入した。彼のスタンダード・アイアン社はクレーターの内部と周辺の土地を買収し、一九〇三年には鉱業権を獲得した。その公有地譲渡証書は他ならぬ大統領、セオドア・ルーズベルト自身によって署名され、この場所を保全するために大統領はアリゾナ州メテオとして登録された郵便局をクレーターの周縁壁に設置することを公式に承認した。

バリンジャーと彼の会社は一九〇三〜一九〇五年、クレーターを調査して、それが本当に隕石衝突孔であることの確固たる証拠を発見した。約三〇トンもの重さの隕石の大きな破片が昔からクレーターの周囲で見つかっていたので、隕石全体はクレーターの地下に埋まっているとバリンジャーは信じていた。その探鉱経験にもとづいて、隕石は重さ一億トンの塊で、一九〇三年当時の米ドルで一〇億ドル以上〔訳註：現在の為替レートで約一〇五〇億円以上〕の価値があると推定した。

粘り強さの記念碑ともいえる。バリンジャーと彼の会社は、クレーターの底部を二七年間にわたって掘削し、掘削の深さは四一九メートルに達したが、意味のある鉄鉱石鉱床は発見されなかった。会社は探査費用に六〇万ドル以上を投入したが、一九二九年のバリンジャーの死去とともに掘削を断念した。彼は自分が正しいと信じ続けたが、残念なことにその失敗は、逆にクレーターが火山の噴火口だとする多くの地質学者の考えをいっそう確かなものにしてしまった。皮肉なことに、一九二九年に天文学者フォレスト・レイ・モールトンは、隕石は蒸発してしまっていて、バリンジャーの挑戦は初めからむだだったということを示す計算を行った。どうやらバリンジャーは亡くなる前にモールトンの論文を読んでいたようだった。

惑星物理学が研究分野として成熟し始めたのは一九五〇年代以後のことだった。研究者たちは、周囲に散らばったもとの隕石を少しだけ残して、隕石のほとんどは大気圏内で燃え上がるか、衝突時に蒸発してしまうことに気がついたのだった。これは重要な過程として、隕石衝突によるクレーターの形成に関する研究の初期の推進者であったハーマン・リロイ・フェアチャイルドが一九三〇年に最初に指摘したことであった。

一九六〇～一九七〇年代、メテオ・クレーター（バリンジャー・クレーターとしても知られている）が隕石の衝突によるものだということは、カリフォルニア工科大学出身で、アメリカ地質調査所で勤務していた惑星科学の先駆けの一人、ジーン・シューメーカーによって最終的に証明された（私はカリフォルニア工科大学に勤務していた頃のジーンを知っていて、彼が仕事をしていた研究室で古磁気学的分析を数多く行った）。一九六〇年、シューメーカーはクレーターから試料を採集し、隕石衝突の衝撃（または、これらが最初に発見された核爆発実験）でのみ形成される石英の形をとったコーサイトとスティショバイト（訳註：両方とも$SiO_2$の組成をもった高温高圧鉱物だが、結晶系（コーサイトは単斜晶系、スティショバイトは正方晶系）と安定領域が異なる）に似た鉱物を発見した。この発見はクレーターが火山の噴火でできたものではないことを示す決定的な証拠だった。

のちにシューメーカーはていねいにクレーターの地質図を再び作成した。このとき彼は、クレーター周縁壁の衝突破砕物が上下逆の順序で積み重なっていることに気づいた。クレーター内部の最下部層（ココニノ砂岩層）〔訳註：中部ペルム系の風成堆積物〕の破砕物が上部にあり、クレータ周縁内部の最上部層（メンコピ頁岩層とカイバブ石灰岩層〔訳註：それぞれ下部三畳系浅海成、一部陸成の頁岩と上部ペルム系浅海成石灰岩〕）の破砕物がクレーター周縁の最下部にあったのだ。この破砕物の逆転した層序は、衝突時の衝撃によって、着地した後、上下逆におおいかぶさり、そして巨大なキノコ雲の「かさ」のような部分の中で、隕石の爆発物の上に重なる地層の破砕物の層を上方向に、そのあと横方向に吹き飛ばした結果だと考えることでのみこの形成過程を説明できるのだ。

今日では惑星科学の研究者は、衝突天体は鉄隕石（鉄－ニッケル合金を主成分とする隕石）であり、より湿潤で、森林が繁茂していた氷河時代後期の風景の中で大型ナマケモノやマンモスなどの哺乳類が歩きまわっていた約五万年前に落下したと推定している。パレオ・インディアン〔訳註：旧石器時代、北アメリカに定住していた先住民族〕の文化はまだ北アメリカに伝搬していなかったので、人類の目撃者はいなかった。隕石は、もともと直径約五〇メートル、重さ三〇万トンで、バリンジャーの推定よりも三倍大きいサイズだった。毎秒約二〇キロメートルのスピードで落下し、一〇メガトンの核爆弾の衝撃とともに地表に衝突した。事実、核実験によるまさにこのサイズのクレーターが存在し、それらはメテオ・クレーターにたいへんよく似ている。隕石のおよそ半数は衝突のときに蒸発し、残りは周囲に飛散してしまい、このためクレーター内部には隕石がほとんど残らず、バリンジャーは発見できなかったのだ。

幸運なことにバリンジャーの所有権は彼の子孫に継承され、一族が土地を所有して、周縁壁の北の縁にあって、クレーターの迫力ある眺望が楽しめるビジターセンターと博物館を運営している。バリンジャーの法定相続人たちは、バリンジャー自身が鉱山業で得た収入以上の収益を観光客から得ているのだ。メテオ・クレーターはアメリカ航空宇宙局(NASA)の宇宙飛行士の月面歩行を訓練する場所、気象学の実験、異様なシーンの背景として多くの映画撮影に使われてきた。そして一九八二年に隕石学会は、同時代の地質学者から軽蔑され、隕石発見の夢のために巨額の私費を費やした隕石衝突の予言者に敬意を払って、学会最高の栄誉賞をバリンジャー・メダルと命名した。

## 天空からの訪問者

空から落下してくる巨大な鉄の塊は、どの文明にとっても強い印象を与えるものであり、彼らの神々が地上に送った特別な物体として崇められたものもあった。例えば、オレゴン州のクラカマス族はウィラメット隕石を崇めていた。多くの研究者たちは、毎年多くのイスラム教の巡礼者が参拝するメッカの寺院、カアバ神殿の一角にある黒い石は鉄隕石だと思っている。別の場合、鉄隕石は先史時代の道具に使える鉄資源として利用されていたが、鉄器時代になるともっと簡単に手に入れることができるようになった大量の鉄資源から道具を製造することができたので、その重要性は低くなった。

これらの隕石の中には、じつに目を見張るような大きさのものがある。最大のものはナミビアのホバ隕石で、重さが少なくとも六〇トンもあるので(図10・3)、これまで落下地点から動かされたことはない。この隕石が発見されたのは一九二〇年に地主が鋤で打ち当てたときだった。隕石は完全に埋まって

▲図 10.3　史上最大のナミビアのホバ隕石
あまりに大きいため移動させることができず、記念建造物が隕石を取り囲んで建設された

いて、落下の際にできた可能性がある衝突孔は長い間に侵食されてしまっていた。大気圏に接近したときに最終速度にまで落下速度が落ちたようなので、この隕石はたいへん大きいと思われる。その平たい形と滑らかな表面のため、大気圏上で数回跳ね上がったらしく、多くの隕石のように地面に激しく衝突して巨大な衝突孔をつくったり、蒸発したりはしなかった。ホバ隕石は破損行為から保護され、毎年多数の観光客が訪れる国の指定記念物となっている。

もうひとつの巨大落下物は、約一万年前グリーンランドのヨーク岬付近に落下したケープ・ヨーク隕石である。この隕石は多くの破片に砕け、北グリーンランドのイヌイットの人びとがナイフや捕鯨用の銛のような道具をつくるために何世紀にもわたって破片になった隕石を利用してきた。イヌイットの人びとにアーニギト（イヌイットの言葉で「テント」の意味）として知られる最大の破片（図10・4A）は、重さが三一トンあり、三・四×二・一×一・八メートルの大きさで、小型トラックよりも大きい。もうひとつの破片、「ザ・ウーマン」は重さ三トン、三番目の「ザ・ドッグ」は四〇〇キログラムだ。

一八一八年にこれらの落下物についての話が研究者に伝わり、この隕石のすべての破片の出どころをつき止めるために一八一八〜一八八三年に五つの調査隊が派遣された。一九〇九年に最初に北極点に到達したといわれている有名な探検家ロバート・ピアリーによって、一八九四年ついに隕石落下地点が発見された（探検家フレデリック・クックからの異議申し立てがあるように、ピアリーが最初に北極点に到達したかどうかについては論争がある）。ピアリーは隊員たちに小さな鉄道（グリーンランド初の鉄道）を建設させて、アーニギト隕石と他の破片を海岸まで運搬するために三年を費やした。彼は一八九七年に隕石をニューヨークのアメリカ自然史博物館に四万ドル〔訳註：現在の為替レートで、約四二〇万円〕で売却し、隕石は現在も展示されている。それは運搬されたものの中で最も重い隕石で、建物の床に直接負荷がかからないようにするため、展示スタンドには博物館地下の基盤岩に届く支柱が備わっている。

同じくこの博物館には最も有名な鉄隕石、ウィラメット隕石も展示されている（図10・5）。それはこれまでに北アメリカで発見された隕石では最大で、世界で第六位の大きさである。この隕石はオレゴン州ウィラメット渓谷のウェストリンの近くでクラカマス族によって発見され、トモノース（「天空からの訪問者」）と呼ばれていた。ウィラメット隕石は約一万三〇〇〇年前にモンタナ州またはカナダからそれを引きずり出した氷河で運搬されたので、まわりに衝突孔を伴っていない。重さが一五トン、長さ

**▲図 10.4**　巨大なケープ・ヨーク隕石の破片
A：アーニギト隕石は最大の破片で、ニューヨークのアメリカ自然史博物館に展示されている
B：アグパリリク隕石、「ザ・マン」はコペンハーゲン大学博物館で展示中

▲**図 10.5**　ウィラメット隕石
現在はニューヨークのアメリカ自然史博物館に展示中

約三メートル、幅二メートル、厚さ一・三メートルの大きさである。オレゴン州の入植者、エリス・ヒューズは一九〇二年に隕石を「発見」し（クラカマス族によるそれ以前の発見を無視）、彼はその隕石がオレゴン・アイアン・アンド・スティール社の所有地内にあることに気がついた。彼は三日間かけて隕石を自分の所有地までこっそりと一二〇〇メートル移動させ、隕石に対する鉱山権を提出した。しかし、オレゴン・アイアン・アンド・スティール社は彼の行為に気づいて訴え、一九〇五年に法廷で隕石の所有権を勝ち取った。

その後、オレゴン・アイアン・アンド・スティール社は隕石を富豪ウィリアム・E・ドッジの未亡人に二万六〇〇〇ドル（現在なら約七〇〇万ドル）で売却し、その後、隕石はアメリカ自然史博物館に寄贈された。隕石は立てられた状態で展示されており、見る人みんなに感銘を与える巨大な展示物で、四〇〇〇万人以上が過去一一二年間に観覧している。その数は他のどの隕石よりも多い。

一九九九年、グランド・ロンド族はこの隕石の返還を求めて訴訟を起こしたが、法廷での調停により、博物館は隕石を引き続き所有するが、クラカマス族は隕石のまわりで年に一度彼ら独自の儀式を行う権利を保持している。仮に博物館が隕石を展示から外したら、隕石はオレゴン州に戻されなければならない。それまでは、ユージーン市にあるオレゴン大学自然史文化史博物館の屋外にレプリカが置かれている。

## 核の破片

鉄隕石はきわめて希少で、特別な種類の隕石だ。石質隕石やコンドライト隕石ははるかに数が多く、これまでに知られている隕石のわずか六パーセントが鉄隕石の組成だ。しかし、鉄隕石は手にとって持ち上げると驚くほど重い。石質隕石、コンドライト隕石よりもずっと密度が大きく、これまでに知られている隕石の質量の九〇パーセントを占めている。また、独特の外観をもっていて（素人の目にも）、地表での風化に対してより強く、また大気圏突入による摩耗に対しても抵抗力がずっと大きいので、収集品の中で過大に評価されている。

その名前が示しているように、鉄隕石はほとんどが鉄でできていて、五〜二五パーセントのニッケル、少量のコバルトとその他の希少元素を含んでいる。つまり、鉄隕石は、多くの多様な化学物質や鉱物に富む石質隕石やコンドライト隕石に比べると化学的にはずっと単純である。

しかし鉄隕石で最も興味深い一面は、それらが多くの惑星（わが地球も含めて）の核が何でできているかの実例を提供してくれることにある。ある種の小惑星（M型〔訳註：ほとんど鉄とニッケルだけで構成されている小惑星〕）のスペクトル解析を行うと、鉄隕石と同じ化学組成であることがわかる。鉄隕石の地球化学的特徴から、鉄隕石は、あとから壊れてしまったが、もとは大型の原始惑星の核を形成していたと考えられる。第9章で述べたように、原始惑星を溶融し、惑星の分化作用の過程で、より密度が高い物質（鉄とニッケル）をその中心部に沈殿させて、マントルから核を分離させた放射性熱源のマグネシウム26の同位体も鉄隕石には含まれているのだ。

この情報は地球の核について地球物理学的根拠が述べていることと一致している。地震学では地球の核の大きさ（マントルの最深部、地表から二九〇〇キロメートルの深さ）がわかっている。地震学と重力測定から、核が水の約一〇～一二倍の密度をもっていることが明らかにされている。この密度の値は非常な高圧下におかれたきわめて高密度の金属によってのみ実現される。最後に、地球が磁場を備えているという事実は、核が優れた電気伝導体でなければならず、鉄やニッケルのような金属であることを意味している。これらすべての隕石研究の成果は、このような性質（密度、電気伝導率）にあてはまる原始太陽系のただひとつの共通の物質は鉄とニッケルであって、唯一の合理的な説明は地球もまた鉄－ニッケルの核をもっていることを示している。

## 至るところ鉛、鉛

しかし、メテオ・クレーターから見つかったキャニオン・ディアブロ隕石のような隕石はどのくらい古いのだろうか？　鉄とニッケルと他に少しのコバルトや鉛のような金属だけでできていて、その他には何も含まれていないので（石質隕石やコンドライト隕石のケイ酸塩鉱物に比べて）、カリウム－アルゴン年代測定法、ルビジウム－ストロンチウム年代測定法のような伝統的な年代測定法の多くは除外されてしまった。岩石が四〇億年かそれ以上に古く、測定可能な量のウランの親原子が残存していなかっ

▲**図 10.6**　クレア・“パット”・パターソン
カリフォルニア工科大学にて

たので、従来のウラン－鉛年代測定法では困難だった。このような古い時代の物質にはどのような手法が有効なのだろうか?

問題は一九四八年、若い化学者、クレア・〝パット〟・パターソンの肩にのしかかった（図10・6）。パターソンは一九二二年、アイオワ州ミッチェルビルで生まれ、アイオワ州のグリンネル・カレッジに進み、そのあとアイオワ大学で質量分析について研究して修士号を得た。戦争中は彼と夫人（同じく化学者で、グリンネルで出会っている）は、原子爆弾を開発するマンハッタン計画に採用されたのだ。

戦争が終わると、パターソンはシカゴ大学で博士学位の研究を始めた。指導教員のハリソン・ブラウンは、二つの異なった同位体、鉛２３５と鉛２３８の放射壊変でできる娘同位体（鉛２０６と鉛２０７）の測定で年代を決定する方法に対する見通しをもっていた。ウランから鉛への放射壊変の速度がそれぞれの系列で違っているので、それぞれの存在比がプロットできると、試料の年代に応じて傾いた直線が描けることになる。シカゴ大学の別の学生、ジョージ・ティルトンはその結果を検証するためにウランのカウント数を用いて同じ性質の問題を研究した。

理論上は簡単に思えたので、パターソンは測定を試みることに着手した。しかし残念なことに、彼の測定結果はグラフのあらゆる場所に分散し、明らかに不要なノイズが多かった。何かがシステムに鉛を混入させていた。彼は試料中の鉛ではなく、測定環境から混入している鉛を測定してしまっていたのだ。パターソンは実験室からすべての混入物を除去することを試みた。「クリーンルーム」では、研究者たちはまずシャワーを浴びて、そのあと特殊な防護服を着て衣服からの汚染物質の発散を防ぎ、足をブーツで、頭をヘアカバーでおおって、そして手術用マスクを着用しなければならなかった。天井から床まで、部屋のあらゆる壁と分析装置の表面が洗浄された。研究者たちは外部から実験室に混入しうる鉛をあらゆる可能な方法で除去する作業を何度も繰り返し行った。パターソンが実験室を超クリーンにすると、よい結果が出始めた。一九五三年、キャニオン・ディアブロ隕石が四五億四〇〇〇万年±五〇〇〇万年前のもので、それまでに年代が測定された最も古い物質、つまり地球の核（そしておそらく太陽系）の年代も四五億年だということを明らかにした。

一方、パターソンはカリフォルニア工科大学での地球化学プログラムの設立に指名され、そこでさらに優れたクリーンルームを創設した（パターソンは退職するまでカリフォルニア工科大学に在籍し、私はカリフォルニア工科大学にいたときに彼の古いクリーンルームを見ることができた）。すべての仕事のあと、パターソンはあらゆるもの、実験室外から入ってくる空気にさえも鉛の混入があるのではないかと疑った。彼の分析機器はこの時点ではとても感度がよかったので、空気、水、その他多くの物質中のわずかな鉛でも測定することができた。

彼にとっての驚きと恐怖は、ほとんどあらゆるもの、とくにわれわれの体内に、水や食物に含まれている鉛に由来する鉛が存在していることが明白になったことだ。グリーンランドの氷床コアの水の試料を見て、パターソンは鉛の混入がごく最近起きていたことを立証できた。事実、車のエンジンのノッキングや異様な金属音を減らすために石油会社がガソリンに鉛を添加し始めたのと同時に鉛がはっきりと現れ始めたのだ。鉛は塗料、釉薬（ゆうやく）、食品添加物、そして配水管にさえも使われていた。人びとは一世紀以上も前から鉛が有毒だと知っていた。多くの学者は、ローマ帝国を滅亡させた原因のひとつが飲料水を供給する水道管からの鉛中毒だと考えている。しかしどうしたものか、多くの製品に鉛を添加することによって鉛が環境に混入する可能性があるとは誰も考えなかったのだ。

一九六五年にパターソンが彼の結果を最終的に公表すると、たちまち石油会社、鉛鉱山会社、鉛を添加剤として用いる企業、とくにそのロビー活動をするグループなど、われわれを中毒させていた大企業からの反発に直面した。エチル社（ロビイストグループがガソリンに四エチル鉛を添加することを主張した）はあらゆる手段でパターソンを攻撃した。そのお抱えの化学者、ロバート・キーホーは鉛の混入には何も問題がないことを繰り返し証言する御用学者として立ちまわった。

喫煙、オゾン層を破壊するクロロフルオロカーボン〔訳註：代表的なフロンガス〕、酸性雨、そしていまや温室効果ガスを排出する化石燃料をめぐる論争で起こったように、真実によって彼らのビジネスを脅かす研究者の信用を傷つけ、破滅させるためには、大企業はあらゆることを何でもするだろう。タバコの広告会社の有名なメモにはかつてこう書いてあった。「疑わしきものこそがわれらの商品」。彼らはロビイストと御用学者を雇い、疑いと問題の不確かな種をまき、何とかしてその証言（加えて企業からの莫大な選挙資金）で政治家を揺さぶろうとする。

パターソンは石油会社と鉛産業に雇われた科学者からの度重なる攻撃と数知れない罵倒に耐えた。そして彼の研究努力は脅かされた。幸運なことに彼はカリフォルニア工科大学での雇用が保障されていたし、企業に雇われていない専門的な科学者の間で高く評価されていたので、彼が研究室や仕事を失うことはなかった。しかし、アメリカ公衆衛生局（一般的には企業の利益ではなく、公衆衛生を保護すると思われている）などの多くの研究機関は彼に研究資金の提供を拒否した。一九七一年の後半には、全米研究評議会は、パターソンがこの分野で世界を牽引する専門家であるにもかかわらず、彼を大気鉛汚染委員会から除名した。

しかし、ついに一九七〇年代の前半になると、環境問題への新たな認識が芽生え、潮流が変化し始めた。環境保護庁が一九七〇年に設立され、次の数年間（とくに一九七四年に民主党が議会で多数を占めたあと）は、環境に関するあらゆる法案が両党陣営のほぼ全会一致の投票で議会を通過したのだ。環境保護主義は幅広く超党派の課題になったが、共和党は強力な環境汚染者からまだ逃れられていなかった。一九七五年、アメリカはすべての自動車が無鉛ガソリンと触媒式排ガス浄化装置を使用することを命じ、そして一九八六年、パターソンの研究はすべてのガソリンが無鉛になったことを示した。一方で、パターソンは、缶詰の魚の鉛濃度と、魚をたくさん摂取したが、環境中で鉛にさらされることがなかった一六〇〇年前のペルー人の人骨の鉛濃度を比較して、食物への鉛の混入の問題を指摘した。

た。——しかし多数派は彼に同意しなかったので、パターソンは強い言葉で七八頁の少数派意見書を書いた。ついに科学と環境汚染者に対するパターソンの英雄的な戦いは功を奏した。一九九〇年代後半には、平均的アメリカ人の血中鉛濃度は八〇パーセント低下した。太陽系最古の隕石の年代を測定するという単純な問題から出発し、地球を救うことで終わったこの勇気ある科学者に感謝する。パターソンは、利益や雇われ科学者の反対がいかに強力だとしても、人類と地球にとって広く好ましいことを促進するためには、科学的な誠実さと、どのような結論を導こうともデータに従うことが大切であるという実地教育の好例だ。

# 第11章 月の石
## グリーンチーズか斜長岩か?——月の起源

これは一人の人間にとっては小さな一歩だが、人類にとっては偉大な飛躍である。

——ニール・アームストロング

### 偉大な飛躍

五五歳以上の多くのアメリカ人と同じく、私は一九六九年七月二〇日、テレビに釘づけになっていた。その頃、私はサウスダコタ州ホットスプリングス郊外にある従兄弟の農場に滞在して、一カ月間の農場生活を体験していた。そこでは鶏が産んだ卵を集めたり、馬やトラクターに乗ったり、家畜の毎日の世話をしたり、親戚の大家族と交流するといったことをしていた。私たちはアポロ一一号計画の進展について毎週聞いていたが、通常ではありえないことをまさに目撃しようとしていたのだ。月面を歩く最初の人間、そしてさらにそのとき胸が躍ったのは、世界がそれをテレビの生中継で見ることができるということだった。テレビが最初の月面歩行の準備を放送し始めたその日の午後、私たちはみんな小さな居間のテレビのまわりに集まった。そしてとうとう魔法のような瞬間が来た。全世界の何百万もの人びとが人類史上最も感動的な偉業のひとつを同時に見たのだった。

月への競争は一九六一年に大統領ジョン・F・ケネディによって始められ、とくにアメリカの宇宙計画はそれからの一〇年間で人間を月面に着陸させることに挑戦した。アメリカがそれを可能にするずっと前に、ソビエト連邦が一九五七年に人工衛星スプートニクを打ち上げて以来、アメリカは宇宙開発競争でソビエトにひどくおくれをとっていた。ソビエトは宇宙に動物を最初に打ち上げ、次いで一九六一年には最初の人間、ユーリ・ガガーリンを宇宙に送りこんだ（アメリカの宇宙飛行士アラン・シェパードの一カ月前）。

一九五九〜一九六三年に、マーキュリー計画が最初のアメリカ人を宇宙に打ち上げ、一九六二年のジョン・グレンの地球軌道周回に私たちはみんな釘づけになっていた。一九六五〜一九六六年、アメリカは宇宙遊泳と宇宙船のドッキングなど、さらに大胆なミッションを遂行する二人の宇宙飛行士を乗せるジェミニ計画に移行した。一九六八〜一九七二年のアポロ計画は、三人の乗組員を乗せて月面に着陸し、そして帰還するための専門的技術を蓄積することにあった。それぞれのミッションはこれまで以上に長時間、遠距離で月を周回飛行することであった。

ついに一九六九年の運命のその日、アポロ一一号は月に到着した。三人目の宇宙飛行士マイケル・コリンズが月の軌道上にとどまっている間に、ニール・アームストロングとバズ・オルドリンは月着陸船で月面に向かって飛行し、月を発進して、地球に帰還する飛行のために母船に戻るまでの短い時間、月面歩行を行った（図11・1）。アポロ計画の連続したそれぞれのミッション（宇宙空間で爆発し、宇宙飛行士がかろうじて生還した不運なアポロ一三号をのぞくアポロ一二号からアポロ一七号）では、しだいにより長い時間月面歩行を行い、さらに多くの試料を採集した。議会が一九七三年にアポロ計画の中止を決定するまでに、六つのミッションで一二人が月面に着陸して、月に関する膨大なデータを収集し、三八一・七キログラムの月の石の試料を持って帰還した。最初に月面歩行を果たした科学者は一九七二年一二月に数日間、月に滞在した最後のミッション、アポロ一七号に搭乗した地質学者ハリソン・シュミットだった。

宇宙計画は、宇宙だけではなく、すべての種類の他の分野においても膨大な技術革新を生んだ巨大な研究プロジェクトをつくり出した。その結果、より小型で、より速いコンピューターの開発競争を活性化させ、電話通信、とくに衛星通信とGPS〔訳註：全地球測位システム〕によるナビゲーションが大きく改良された。宇宙船を組み立てるためのロボットが、やがては自動車やその他多くの製品の組み立てラインをより効率的なものにした。多種多様な製品がNASAの研究にもとづいて開発された。その中には、人工心臓、高保温性毛布、強くて軽量の合金、軽い複合素材、無重力でよりうまく合成できる薬品、煙探知機、空気清浄化装置、小型の実用レーダー、大容量バッテリー、紫外線カットサングラス、テフロン被覆のガラス繊維、消防士用のより優れた防火装備、太陽光発電システム、人工四肢、MRI（核磁気共鳴画像撮影法）、CT（X線コンピューター断層撮影法）、LED（発光ダイオード）技術、ビデオゲーム用のコントローラー桿、ゴルフボールの改良、航空機が衝突回避に用いるTACSシステム、仮想現実シミュレーション、水耕栽培、放送衛星利用の高精細度テレビ放送、そして使い捨ておむつさ

**▲図 11.1**　1969 年 7 月 20 日、ニール・アームストロングが撮影したアポロ計画の宇宙飛行士、エドウィン・ユージン・“バズ”・オルドリン

え含まれている。

別の意味では、地球上で起こっているすべての過程を研究するために地球の衛星画像を提供しただけではなく、われわれの「淡く青い小さな点」の見方を変えてしまうような、宇宙から見た地球の控えめな姿を提供してくれた点で宇宙計画はきわめて重要だった。これらすべてとそれ以上のことが連邦予算の一パーセント以下で実行された。それは、ほとんど利益にならない他のことに費やしたものに比べると取るに足らない。

## 月はどうやってできたのか――妹説、娘説、それとも捕獲説

すべての中で最大の科学的な収穫は、おそらく長く問題にされてきた科学的疑問への確固とした答えだった。月はどうやってできたのだろうか？　月は何からできているのか？「グリーン・チーズ」説〔訳註：イギリスのジョン・ヘイウッドの名言。俚諺(りげんしゅう)集に現れる〕を超えるさまざまなまっとうで科学的な考えが一世紀以上、惑星地質学と天文学の世界に広まっていた。その考えは、〔男性が多数を占める天文学界のせいで〕いまや通用しない女性差別的な名称をつけられた三つの大きなカテゴリーに分けられる。

1　「行きずり」説または「捕獲」説

数十年の間、研究者の中には、月が地球の軌道の外から来た外来天体であって、地球の近くを移動中

に地球の重力で捕獲され、地球の軌道に引き寄せられたのだと考える者がいた。しかしこの説には最初からたくさんの問題があった。

ひとつには、月は地球が太陽のまわりを公転するのと同じ平面内を運動するが、それはもし宇宙空間から斜めに移動してくる天体が捕獲された場合、起こりそうにもないことなのだ。その場合の軌道は、地球－太陽システムの回転面をのぞくどんな平面内でも地球のまわりで揺れ動くであろう。さらに、大型の天体が重力で捕獲される場合、ごくふつうの結末は衝突するか、または軌道が変化して再び宇宙空間に飛び去ってしまうかだ。月が地球の重力に引かれて緩やかに捕獲され、衝突あるいは脱出することなく軌道内にとどまるためには、地球には現在よりもはるかに遠くまで広がる、たいへん厚い大気の層が必要だっただろう。

この仮説を裏づける証拠はない。つまり、もし月が地球の重力に捕獲された外来の天体だったとすれば、その組成は地球のものとは根本的に違っていることが予想される。月の石はこの仮説を検証するのに使えるはずだ。

## 2　「娘」説または「分裂」説

天文学者、ジョージ・ダーウィン（チャールズ・ダーウィンの息子）が一八〇〇年代の後半、最初に提唱したこのシナリオでは、高速回転する地球に由来する物質から月ができていると主張された。この高速回転の間に、溶融した物質が地球から宇宙に向かって分離し、月を形成した。天文学者の中には、太平洋がそのイベントの痕跡だと指摘する者もいた。一九二五年、オーストリアの地質学者、オットー・アンフェラーは月の分離が大陸移動を引き起こしたのだと提案した。この仮説は長い期間、ありそうだと思われていたが、一九六〇年代にはプレートテクトニクスが、太平洋は遠い過去の痕跡ではなく、その海底は一億六〇〇〇万年よりも新しい溶岩でできていることを明らかにした。また、このモデルでは地球－月システムの角運動量〔訳註：物体の回転運動の大きさを表す量〕を説明できなかった。前の捕獲説と同じように、決定的な検証は月の岩石であっただろう。もしそれらが原始地球（核、マントル、地殻に分離する前）の組成と同じだったら、この仮説は可能性があることになる。

3 「妹」説

「娘」説に似ていて、もともとの地球－月システムは、互いを引力の中に閉じこめてしまうことになった二つの大きな塊として始まったのだと提案した。やはりこの仮説にも地球－月システムの角運動量の問題がある。しかし、「娘」説と同様、この仮説も月の石が原始地球の組成に似通った組成をもっていると予測している。

これらの仮説とさらに他の仮説は、アポロ一一号とその後のミッションが月の試料を実験室に持ち帰るときまでどう転ぶかわからなかった。誰もが驚いたことに、月の石の化学組成はこれまでの考えのいずれも支持するものではなかった。それどころか、それまで誰も想像しなかった新しい考えが提案されたのだ。

## 衝突で吹き飛ばされた初期地球

アポロ計画で持ち帰られた月の石（図11・2）は原始地球の組成に似たものではなかった。また、ちょうど重力に引きつけられて捕獲された地球外の外来天体のような組成でもなかった。そうではなく、月の石は斜長岩〔訳註：斜長石に富み、輝石、カンラン石などの苦鉄質鉱物を少量含む珪長質深成岩〕と、玄武岩として見慣れている黒い溶岩に類似する火山岩だった。言い換えれば、その化学組成はハワイ島のキラウエア火山から海洋底に噴出する溶岩の起源を含む上部マントルの一部にたいへんよく似ていたのだ。

これは衝撃的だった。もし月のほぼすべてがマントル物質から構成されているとすると、月は初期地球が鉄とニッケルからなる核（第10章）とケイ酸塩鉱物でできているマントルとに分離してしまったあとに形成された、地球のマントルの破片でなければならない。要するに、月は地球が冷却、融合し、その層状部が分化・分離したあとに形成されたことになる。

さらに驚いたことは、大量のマントル物質を宇宙にばらまく唯一の方法は、他の天体の巨大な衝突で初期地球を吹き飛ばすことだった（図11・3）。惑星地質学者はこの天体をテイア（月の女神セレーネの母に与えられたギリシャ語の名前）とよび、火星ほどの大きさの原始惑星であり、地球に衝突し、その衝撃で地球の物質を軌道上まで吹き飛ばしたと推定している。

いったんこの放出物の破片が地球軌道に乗ると（現在の月と地球の距離の一〇分の一の位置にあるとき）、それらはしだいに融合した。この衝突のエネルギーは驚くほど莫大だったことだろう！　何兆ト

▲図 11.2　典型的な月の斜長岩試料

ンもの物質が蒸発してしまい、地球の温度は一万℃に上昇したことだろう。

それ自身の放射性鉱物から発生する熱は月を完全に溶融し、月の大部分は地球のマントルと同じ組成のままだった。一方で溶融は、現在では暗く見える月の表面の「月の海」または「海」になっているマグマ・オーシャンを形成した玄武岩溶岩の巨大噴火を招いた（図11・4）。

また月には、衝突のあとのテイアの残存物と考えられている直径三三〇〜三五〇キロメートルの小さな鉄の核がある。テイアの鉄とニッケルからなる核の大部分は地球の核に付加されたのだ。対照的に、「妹」説や「娘」説（アポロ一一号打ち上げ前は好意的に受け止められていた）が正しいとすると、月は、マントルに対する地球の核にほぼ匹敵する大きな核をもっているはずだ。

この衝突はいつ起きたのだろうか？　前の疑

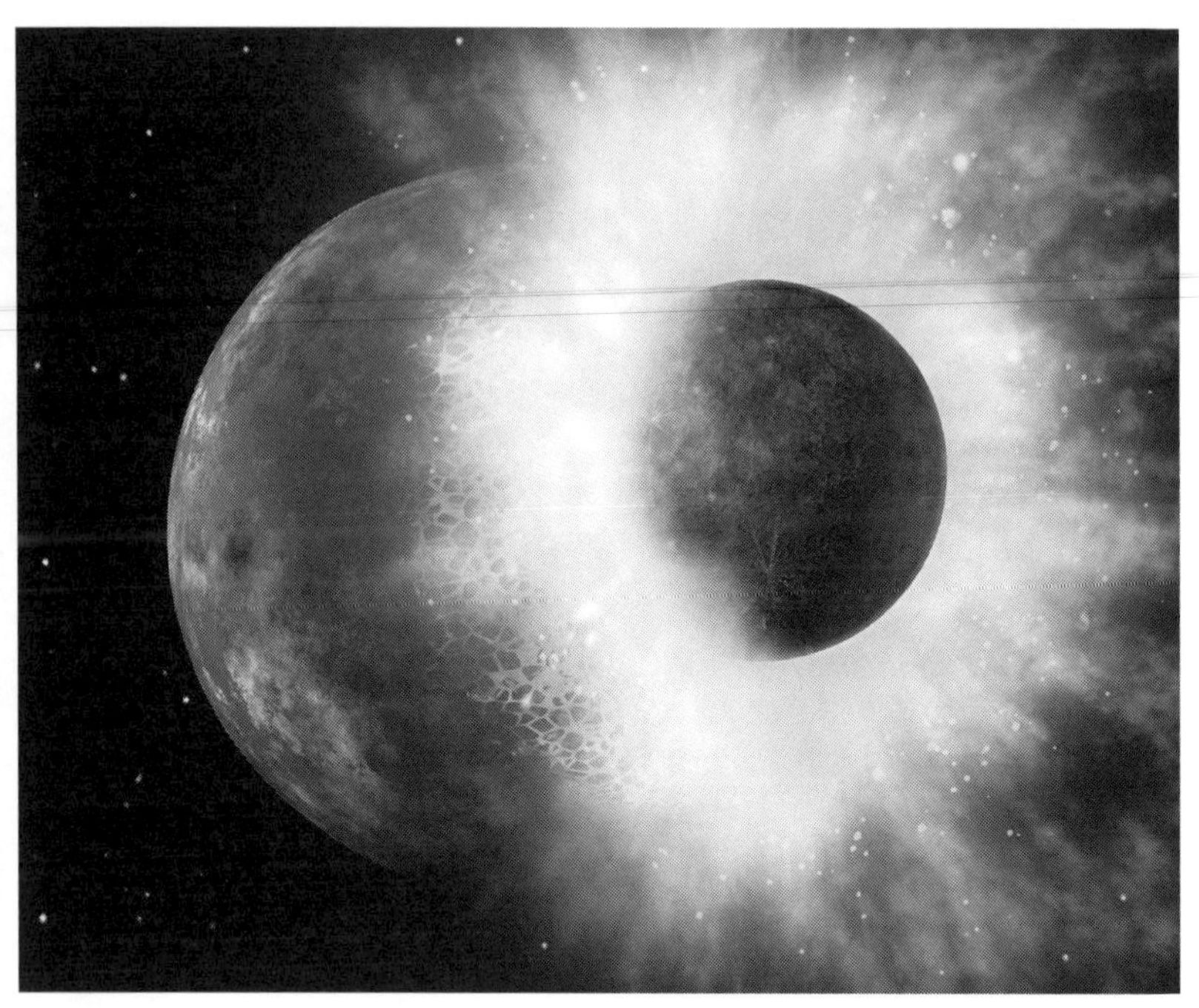

▲**図 11.3**　マントルを吹き飛ばし、月を形成した天体衝突について画家が描いた想像図

問と同じように、月の石がその答えを出してくれる。

　第10章で述べたウラン–鉛年代測定法と鉛–鉛年代測定法を使って、多くの研究室で月の岩石の年代が測定された。大多数は少なくとも四〇億年という年代値で、月の表面は古い時代に形成され、そのあとほとんど変化していないことが明らかになった。

　結局のところ、地球の表面を変化させるような力はない——月には大気も、水も、風化作用もなく、重力はきわめて小さく、またプレートテクトニクスもない。月面での唯一の大規模な変化は衝突クレーターを残した巨

▲図 11.4　衝突クレーターと暗い溶岩流（「マリア」）を見せ、つねに地球のほうを向いている月の表側

大な天体衝突で（図11・4）、クレーター破砕物の大部分から三九億年より古い年代が得られているので、ほとんどの天体衝突は初期に発生し、それ以後にはほとんどなかったと考えられている。

衝突前の最も古い月の石の年代は、現在では四五億二七〇〇万±一〇〇万年と測定されている。この値は太陽系の起源に遡る隕石に比べて約三〇〇〇万年新しいので、月の形成は、太陽系と地球を形成したイベント、そして地球の核とマントルを分離した溶融と分化のイベントよりも間違いなく新しい。

巨大天体衝突説の最初の提案

以後、月の石の分析から月のマントル起源を支持する補足的な証拠がかなり出されている。月の岩石が採集されて以降の過去四八年間に分析されたほぼすべての同位体元素（酸素、チタン、亜鉛、その他多数）は、月と地球のマントルの化学組成が同じであることを明らかにしてきた。衝突仮説には多くの修正が加えられており、複数の衝突天体を想定する、または大きさが異なる天体の衝突、異なる衝突メカニズムを想定する見解もある。しかし現在どの見解が研究者の間で支持されていようが、アポロ計画の試料が、月は地球のマントルの大きな塊に由来するのだということを示していることは避けられない。

## 月の輝く夜に

面白い！　われわれは生きているとき宇宙を眺め、その向こうに何があるのだろうと考えながらたくさんの時間を費やしている。われわれは月が頭から離れず、いつかそこに行けるだろうかと思っていた。とうとう月の上を歩いたその日は、おそらく人類最大の偉業として世界がそれを祝福した。しかし、空を見上げ、われらの惑星がどれほど信じがたいものかを垣間見ることができたのは、二人の宇宙飛行士がそこにいて、荒涼とした月の風景の中から岩石を集めていたときのことだった。それは唯一無二の驚くべき美しさだった。それを母なる地球とよんだ。なぜなら地球はわれわれに生を授け、そしてわれわれは地球をすっかり搾り取ってしまったのだから。

——ジョン・スチュアート

『地球：人類入門書 *A Visitor's Guide to the Human Race*』（書籍版）

人びとは何世紀もの間、月を見上げ、神秘的な力がそこにあると考えた。ヒットした映画「月の輝く夜に」では、登場人物たちは満月の影響で変なふるまいをする。おそらく満月がオオカミ人間を人間の姿から変身させ、本当の人間には馬鹿げたふるまいをさせるのだろう。まったくナンセンスだが、占星術では、われわれが生まれたときの月の位置が性格や将来に影響を及ぼすと考えられている。多くの文化が異常な出来事を月のせいにし、あるいは月を神として崇拝した。昔のSFは、月に住む人間または月からの異星人が地球を侵略するのを想像した。多くの文化が月面の暗い部分と明るい部分がつくるアバタ模様を見上げて「顔」を想像したし、「月に住む人間」を夢見てきた。最も初期に制作された無声映画のひとつ「月世界旅行」（一九〇二）では、主人公たちが搭乗した大砲が月に向かって発射され、砲弾が「月の人間」の「眼」につき刺さるのだ。この映画は、大砲で探検者たちを月に撃ちこむというジュール・ヴェルヌのSF小説『地球から月へ *De la Terre à la Lune*』（一八六五）の影響を受けたものだった。これらのアイデアは月に関するわれわれの現在の理解からはまったく意味をなさないものだ。

しかし、現実には月は驚くような影響をわれわれに及ぼす。天文学者と物理学者は興味深い運動力学について指摘している。月の比較的大きなサイズ（他の惑星の衛星に比べて）は地球の自転をきわめて安定させ、海王星のように、地球が横転しないように保つ安定装置として働いている。地球の自転軸が公転軌道面から二三・五度傾いているのも衝突によるものだと考える研究者も多い。衝突が発生したとき、地球の自転軸は鉛直方向から二三・五度傾き、そのためコマのように振れながら回転する（下巻第

25章参照〕。

最初の衝突と同じくらいすごいのは、どのようにして地球－月システムが現在のようになったのかという点である。現在では、地球の潮汐力が月の自転を完全に停止させてしまい、そのため潮汐力に固定されて月はつねに同じ面を地球に向けている。これはアポロ八号計画で初めて月の裏側を回って飛行し（図11・5）、それを写真撮影するまで人類が見てきた月面の片側にすぎない（これは、ピンク・フロイドの「狂気 The Dark Side of the Moon」ではない。それは作り話だ。太陽の位置によって両側が暗黒と光を経験するので、永久の「暗黒面」は存在しない）。その一方で、地球に影響する月の潮汐力によって、地球の自転はしだいに遅くなり、一世紀ごとに一・五ミリ秒、数千年で一分以上遅れる。新年（とくに二〇〇〇年のミレニアム以後）の初めには、世界で最も正確な時計はこの遅れを補正する必要がある。そうしないと、時計が原子時計〔訳註：原子、分子のスペクトル線の周波数標準にもとづき最も正確な時間を刻む時計〕と同期しなくなる。

一年に数ミリ秒の遅れならそれほどでもないと感じるかもしれないが、何百万年、何十億年が過ぎるとそれは蓄積されていく。物理学者が計算したところ、地球の自転がかなり減速しているので、現在と比べると地質時代の地球の自転はもっと速かったことが明らかになっている〔訳註：地球の一日の長さは自転で決められる〕。

この驚くべき考えの確証は、あまり目立たないサンゴの古生物学からもたらされた。一九六〇年代の初期、コーネル大学の古生物学者、ジョン・W・ウェルズは、日々の成長線と、季節の年変化を示すさらに大きな成長輪の両方を含むサンゴ化石を調べていた。彼はサンゴ化石を薄切りにして研磨し、顕微

**▲図 11.5**　1968 年のアポロ 8 号から始まった月の軌道を周回する宇宙船からのみ見える月の裏側

鏡を使って成長輪の数を数えることができた。果たして、デボン紀（約四億年前）では地球の自転はかなり速くて、一回の公転運動の間（一年）に四〇〇回も自転（四〇〇日）していたのだった。約六億年前、一日の長さは二四時間ではなくわずか二一時間で、一年は四三〇日だった。そして一億五〇〇〇万年前、一年は三八〇日だったのだ。

これは何を意味しているのだろうか？　人間の基準で考えるときわめて遅いが、地球は徐々に減速しているので、現在からおよそ二〇〇億年後のある日、地球は潮汐力で固定されて、地球の片側だけが月に面し、もう一方側からは月が見られなくなるだろう。地球–月システム全体のエネルギーも減少し、そのため双方はゆっくりと離れていく。月の衝突破片が最初に宇宙空間に飛び散ったとき、月は現在のわずか一〇分の一の距離しか地球から離れておらず、それ以後、ゆっくりと遠ざかりつつある。三葉虫が海底を這いまわっていた頃に戻ると（五億年前）、月はもっと近くにあり、上空で大きく見えていたことだろう。その距離での潮汐力は非常に強力だったので、大きな潮汐力による本当の波（潮汐とは関係がなく、地震による津波でもない）が、地球上を伝播していたことだろう。

結局、二つの天体は潮汐力によって固定され、互いに遠ざかっていくだけではなく、その動きが止まってしまうかもしれない。ただし、それは何十億年も将来のことで、おそらく太陽がその前に爆発を起こし、内惑星〔訳註：地球よりも太陽に近い水星と金星〕を一掃してしまうだろうから、実際には起こらないだろう。

そう考えると、あなたはかなり謙虚な気持ちになるだろう。アポロ計画の宇宙船が持ち帰ったほんの数キログラムの岩石が月、地球、太陽系についてのわれわれの認識をがらりと変えてしまったのだ。次に、月を表現した詩を読むか、「Mocn in June（六月の月）〔訳註：イギリスのロックバンド、ソフトマシーンの曲〕」のロマンチックな歌詞を聴くかするとき、あなたはわれわれの唯一の天然の衛星をこれまでと同じように見ることは決してないだろう。

# 第12章 ジルコン
## 初期海洋と初期生命？ ひと粒の砂に秘められた証拠

一粒の砂に世界を見て、
一輪の野の花に天を見る。
掌に無限を、
そして瞬時に永遠を捉える。

——ウィリアム・ブレイク「無垢の予兆」

世界に私がどのように映っているのか知らない。しかし私自身には、まだ見つけることがないまま真理の大海原が眼前に広がっている一方で、丸まった小石や可愛い貝殻を見つけて楽しんでいる浜辺で遊ぶ少年でしかないように思える。

——アイザック・ニュートン

## ダイヤモンド以上の高級品

あなたがテレビのチャンネルをかえて、通販番組か情報宣伝番組を見ると、誰かが「立方体のジルコニア結晶」でできた派手な宝石を売りこんでいるのにいつかは出くわすことだろう。彼らは、本物のダイヤモンドの価格の何分の一かで売りに出ているダイヤモンドに似た外観の立方体のジルコニア結晶（キュービック・ジルコニア）に感嘆の声をあげている。同様に、インターネット上でキュービック・ジルコニアの宝飾品を次のようなセリフを使って売りこむ販売業者を見かける。

ジアモンドブランドは、こだわりをもった購入者が、14金、18金、豪華なプラチナなどの貴金属のみを使用した最高品質のキュービック・ジルコニアジュエリーを買い求める場所だ。われわれのキュービック・ジルコニアのジュエリーと宝石は、世界が求める総合生涯保証つき人工ダイヤモンドの最高級品である。ジアモンドの驚くべきキュービック・ジルコニアジュエリーとキュービック・ジルコニアは精密にカットされ、高級ダイヤモンドの水準まで研磨されており、私たちの顧客に光り輝く本物のダイヤモンドの真の外観と感触を保証する。あなたは自信をもってジアモンドのキュービック・ジルコニアのジュエリーを毎日身につけることができるし、まるでダイヤモンドを身につけているかのように美しく見える。

一世紀を超える高級ジュエリーの経験をもつ当社のスタッフは、高級ジュエリーに求められる細部への気配り、デザインの質、職人の技を維持しながらも、キュービック・ジルコニアジュエリーのデザインを考案し、製作する技術的そして芸術的なスキルを備えている。ダイヤモンドのように見えるキュービック・ジルコニアの指輪、キュービック・ジルコニアの結婚指輪、キュービック・ジルコニアの婚約指輪、キュービック・ジルコニアのブレスレット、キュービック・ジルコニアのイヤリング、何であろうともジアモンドのジュエリーの経験をあなたに提供できるのを心待ちにしているし、なぜ私たちが最高のキュービック・ジルコニアジュエリー製造会社として業界のリーダーとみなされているのかをあなたの目で確かめてほしい。

もしあなたが、あなたの友人を感動させるために安い偽物のダイヤモンドがほしいと思うのならキュービック・ジルコニアでなにも不都合はない。しかし、それは本物のダイヤモンドではなく、ジルコニウム〔訳註：原子番号40で、チタン族元素のひとつ。元素記号はZr〕は天然では希少なものではない。キュービック・ジルコニアは二酸化ジルコニウム（$ZrO_2$）でできた合成宝石なのだ（天然産の鉱物としては、二酸化ジルコニウムは、スリランカの鉄道建設事業の最高責任者で、最初にこの鉱物を発見したジョゼフ・バッデリーにちなんでバッデリー石として知られている。宣伝番組のアナウンサーが宝飾品販売のために使っている名前ではない）。

ジルコニウムという元素からできているもうひとつの鉱物は、ジルコンという鉱物名で知られているケイ酸ジルコニウム（$ZrSiO_4$）である（図12・1）。ジルコンの大型結晶は八面体で、ピラミッドを二つあわせたような形だ。それらは、どのような不純物が含まれているのか、そして結晶構造がどう変化し

▲図 12.1　ジルコンの結晶

ているのかによって紫、黄、ピンク、赤、無色透明などさまざまな色調がある。

ダイヤモンドは商業的な価値は高いが、ジルコンは科学的な情報量がはるかに大きく、そのためジルコンはダイヤモンドよりも科学的には貴重なものになっている。ジルコンは地質学者にとってはたいへん価値が大きい鉱物なのだ。ジルコンはとくに冷却の最終過程にあるカコウ岩質マグマから、たいへん硬く、耐久性のある鉱物として形成される。ジルコンの結晶はジルコニウムのような大きな原子が入りこむ空間をもっているので、他の鉱物には入りこめないような大きな原子やマグマ結晶作用の最終過程で濃集する元素を取りこむのである。その中にはウランやトリウムのようなごく希少な元素も含まれている。そのためジルコン結晶を採集して、そのウラン含有量を測定することができる。ジルコンはウラン－鉛年代測定法または鉛－鉛年代測定法、そしてフィッション・トラック法〔訳註：鉱物中のウラン238が自発核分裂したときに鉱物中に残す飛跡を利用した年代測定方法〕による年代測定に広く用いられる。

ジルコンは非常に硬く、他のほとんどのものに対して抵抗力があるため、力ずくでカコウ岩質の岩石から取り出す必要がある。一般的には、粉砕装置を使ってもとの岩石を砕いて粉末状にする。その後、粉末試料を地上で最も強力な酸であるフッ化水素酸溶液に浸す。フッ化水素（HF）はたいへん腐食性が強いので、優れた局所排気装置（ドラフト・チャンバー）の中で作業し、肌、眼、肺の保護のために防護服を着用しなければならない。フッ化水素酸はいろんな材質の容器さえも溶かしてしまうので、特殊な容器で保管する必要がある。フッ化水素酸は岩石中のジルコン以外の他のあらゆる鉱物を分解するので、いったん酸に浸す作業が終わって溶け残った残留物を水でゆすぐと、すぐにも分析に使えるジルコンを濃集させることができる。

ジルコンは実験室内だけではなく、自然界でも耐久性が大きい。岩石が風化して砂粒子になり、流れの底で互いにぶつかり合ったり、打ちつけられたりする過程でもジルコンは最も耐久性が大きい鉱物である。約九九パーセントが石英（地表で最もふつうにみられ、風化に強い鉱物）からなる最も強く風化した砂であっても、一パーセントのジルコンがなおも含まれる。実際、ジルコン（および砂の中で風化抵抗性が大きい二つの鉱物、電気石〈トルマリン〉とルチル）の存在は、砂粒子または砂岩でどれほど強く風化が進み、風にさらされたか〔訳註：淘汰作用を受けたか〕を表す「ZTR指数」〔訳註：第15章参照〕として用いられてきた。ジルコンはすべての種類の地質学的問題に対する強力な手段でありうるので、ジルコンを専門とする地質学者はたくさんいる。

## 地球最古の岩石は？

ジルコンはとりわけ役に立つ鉱物だ。それは、ジルコンがきわめて古い岩石の年代測定にしばしば最適の鉱物だということに地質年代学者が気づいたからだ。ある種類の隕石（第10章）、月の石（第11章）の年代測定にはジルコンを使っているし、太古の地球の岩石の年代測定にも使われている。地球最古の岩石の多くは、ウラン－鉛年代測定法だけではなく、ジルコンの年代を測定するルビジウム－ストロンチウム年代測定法をも適用して年代が測定されてきた。

長い間、地球最古の岩石は、三八億年という数値年代が測定されていたグリーンランド南西部のイス

▲**図 12.2**　38億年前と年代測定されたグリーンランド南西部の海岸にみられるイスア表成岩

ア表成岩のアミツォク片麻岩（図12・2）だった。それらは、初期大陸地殻の小さなブロック（現在は片麻岩に変成）、初期海洋地殻の断片（グリーンストーン帯として知られている）、そして最初期のマントルの断片（カンラン岩）をも含む、最古の地殻構成岩石を代表するものだった。しかし、これらの岩石は高度に変成し、変質してしまっており、真の年代はもっと古くなる可能性があったので、この測定値は地球最古の年代値ではなかった。

アミツォク片麻岩からは、最初期の地殻が、マントルから直接噴出した溶岩でできている非常に薄くて高温の初期海洋地殻に浮かんだ初期大陸のごく小さなブロックであったことがわかった。コマチアイトとして知られるこの奇妙な溶岩はすべて、カンラン石とよばれる緑色のケイ酸塩鉱物のようなマントル物質でできていた。コマチアイトは現在の海洋地殻全体を構成する

▲図 12.3　40 億 1000 万年前と年代測定されているグレートスレーブ湖付近のアカスタ片麻岩

玄武岩質溶岩よりもさらにマグネシウムと鉄に富んでいる。これらのことから、初期の地球はまだきわめて高温で、地殻は薄く、流動性があって再溶融しやすいものだったことがわかる。

地殻は現在みられるような海洋地殻と大陸地殻という成熟したタイプに分化していなかった。事実、地殻はあまりに小さく薄かったため、たぶん本当のプレートテクトニクスはまだ存在していなかった。コマチアイト溶岩はこのような条件下でのみ形成され、海洋地殻が成熟し、上部マントルの温度と化学的性質が変化してしまった現在ではもはや地球上のどこにもその噴出はみられない。現在、冷却して玄武岩になる唯一の溶岩は海洋底から噴出するものだ。

さて一九九九年、アカスタ片麻岩といわれる別の古期岩（図12・3）が地球最古の岩石の年齢を三八億〜四〇億三一〇〇万±三〇〇万年に押し下げた。アカスタ片麻岩は別の初期大陸地殻の断片で、カナダのノースウェスト準州にあるグレートスレーブ湖から名前をとってスレーブ帯とよばれる地帯のブロックである。この岩石はすべての教科書で紹介されたし、長年にわたって、その記録を保持していた。

しかしちょうどスポーツと同じように、記録は破られることに意味がある。二〇〇八年、ハドソン湾の東海岸にあるケベック州北西部のヌヴァギック・グリーンスートン帯から四二億八〇〇〇万年、四三億二一〇〇万年という年代が出たのだ。これらの年代値はウラン－鉛年代測定法を使って直接に測定されたのではなく、サマリウム〔訳註：原子番号62の希土類元素〕－ネオジム〔訳註：原子番号60の希土類元素〕年代測定法でグリーンストーン帯の溶岩を測定した値だった。

しかし、この年代測定結果は議論を呼んだ。多くの研究者は、四二億八〇〇〇万年とこれより少し古い年代値は、岩石の年齢ではなく、一度再溶融したのちにこれらの岩石になったもとの物質の年齢だと考えている。この岩石から得られたジルコンを測定した最も古いウラン－鉛年代測定法による結果は、この岩石がじつは約三七億八〇〇〇万年前のものでしかないことを示している。この年代値が正しいとしても、最古の地殻の形成がおよそ四二億八〇〇〇万年前から四三億二〇〇〇万年前だったことは明らかだ。研究の歴史を考えると、地質学者がさらに古い年齢の岩石を見つけることが期待できる。

太陽系で最も古い物質（隕石と月の石）は少なくとも四五億五〇〇〇万年の年齢だが、地球最古の岩石が四三億二一〇〇万年よりも古くない点に注意してほしい。この差は何だろうか？　答えはプレートテクトニクスと、水と風による地球表層部の深層風化〔訳註：岩石の風化作用が地下深部にまで及ぶこと。主に降水量、地形、岩質などに影響され、カコウ岩などでは風化が地下一〇〇メートルに及ぶことが知られている〕にある。

溶解し、マントルに降下して、やがて再び生産されるプレートの運動によって地球表層はつねにリサイクルし、何度もつくりかえられてきた。対照的にプレートテクトニクスがない月は死の世界であり、その岩石には生成したときの四五億年前という年代を示すものもある。第9章で紹介した炭素質コンドライトのように、初期太陽系とともに形成された隕石は冷却したあとは変質することがなく、すべての中で最も古い年齢を示す。

## 冷えた地球

以上は地球最古の岩石の年齢についてだが、それらは地球で知られている最古の物質ではない。その違いは西オーストラリア州のジャック・ヒルズに分布するずっと新しい時代の砂岩に含まれるわずかなジルコン粒子（図12・4）でわかる。それぞれ個々の粒子はウラン－鉛年代測定法を使って年代を測定することができるので、測定された年代にはばらつきが生じる。しかしすべての中で最も古い粒子は四四億四〇〇〇万年の年代を示し、ケベック州から得られた四三億年前の岩石より少なくとも一億年は古いことになる。したがって地球最古の物質の現在の記録（すなわち、隕石でも月の石でもない）は四四億年なのだ。これらのジルコンの砂粒子の年代値は月の石や隕石の年代にますます近づいてきたが、まだ約二億年の隔たりがある。この隔たりは恐竜時代の幕開け（三畳紀後期）から現在までの時間の長さとほぼ同じであって、わずかな時間とはいえない。

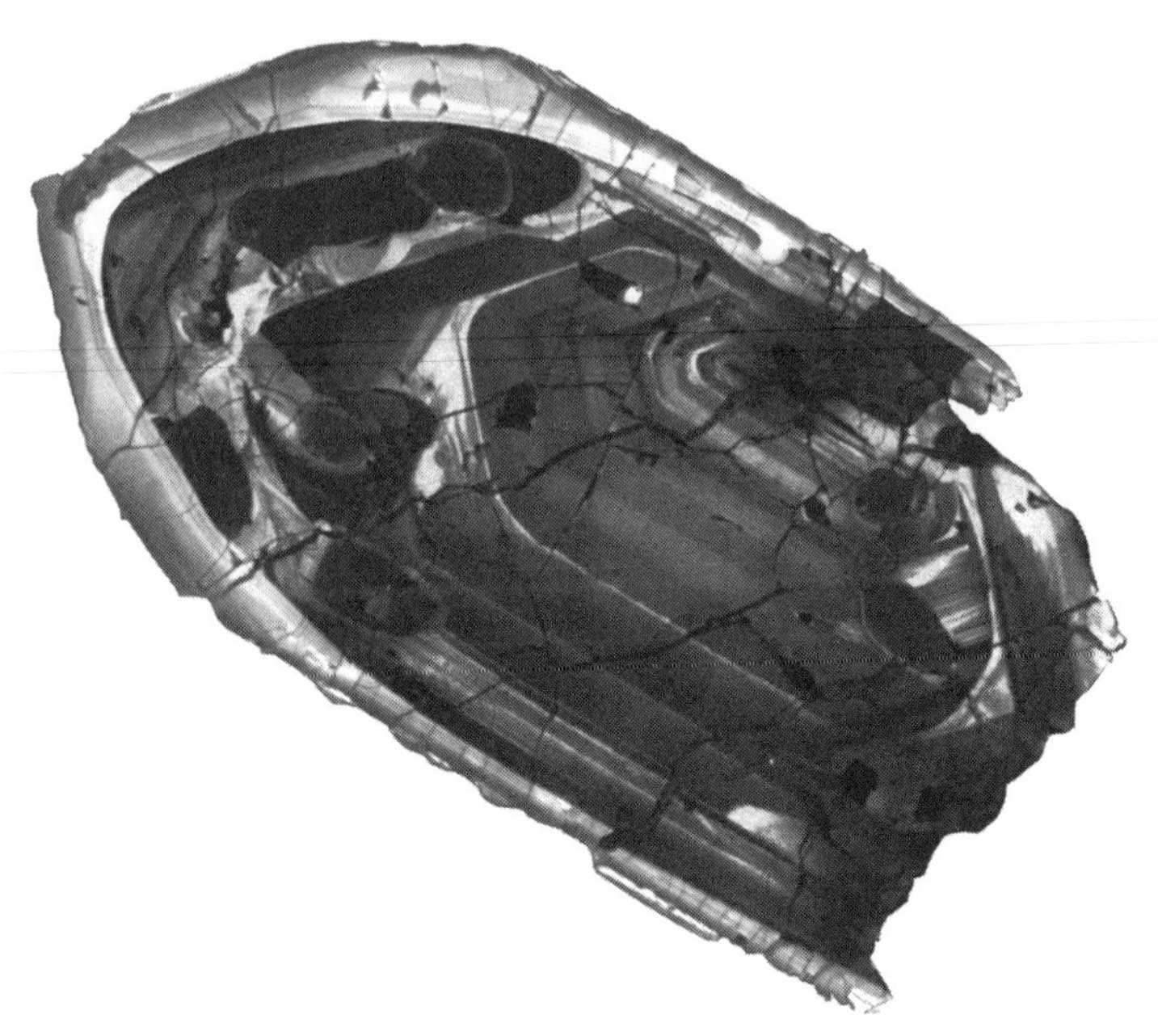

▲**図 12.4**　44億年前の年代を示す西オーストラリア州ジャック・ヒルズから得られたジルコン粒子の顕微鏡写真。初期の地球が、液体の水でおおわれていたという証拠を提供している

しかし、これらと同じ微細なジルコンの砂粒子はじつはもっと驚くべきことを含んでいた。ジルコンの粒子は最古の年代値を示しただけではなく、研究者がジルコンの結晶内部に細かな泡として取りこまれている気体を分析すると、約四〇億年以上前の初期大気の証拠が発見された。これらの気泡中の酸素同位体比は、四四億年前には早くも液体の水が地表に存在していたことを示したのだ！

この発見よりも以前、地球が四五億五〇〇〇万年前の溶融状態から冷却していくには長時間を要したと地質学者は推測していた。大多数の地質学者は地球が水の沸点（一〇〇℃）以下にまで冷却するには約七億年が必要だと考えていた。それは、流水中で形成された最古の堆積岩（前述のグリーンランドのイスア表成岩帯の年代で、三八億年前）の年代にあたるからだ。しかし、ジャック・ヒルズのジルコンはこの推測をひっくり返してしまった。もしジャック・ヒルズのジルコンが四四億年前の地表に液体の水がほんとうに存在したことを示しているとすると、溶融状態から水の沸点以下の状態にまで地球が冷却されるのにわずか二億年しか必要としなかったことになる。これはこの期間には隕石の衝突がそれほど多くはなかったこと、または海洋が何度も繰り返し蒸発していたことを意味している。要約すると、これらのデータは現在われわれが「冷たい初期地球仮説」とよんでいるものを示唆している。

それでは、この初期地球の水はどこから来たのだろうか？　伝統的に地質学者は、初期地球の水はマントル内部に取りこまれていた水であり、地球が冷却していくにつれて脱ガスとよばれる作用で火山噴火によって徐々に散逸していったのだと考えていた。しかし最近、地球外天体の化学分析結果が海水の化学的性質に合致していることがわかってきた（とくに炭素質コンドライト――第9章を参照）。これは初期太陽系の破片（コンドライト隕石はその残存物）に多量の水が存在していたことを示すものだ。月の石にも同じことが当てはまる。現在は水が含まれていないが、月の石は太陽系が形成された時点ではかなりの水を含んでいたらしい。仮にそうだとすると、冷却し、濃縮されて、すでに存在していた水とともに地球が誕生したことになる。水が初期海洋を形成するには地表温度が一〇〇℃以下に下がっていることだけが必要だった。

われわれが除外できる唯一のものは彗星だ。彗星はほとんどが宇宙塵と氷でできているので、しばしば「汚れた雪玉」といわれるが、四つの彗星の化学分析結果によると、その地球化学的性質は地球の水とはずいぶん違っている。つまり、彗星が初期地球に衝突し、溶融させて初期海洋を形成したのだという広く信じられてきた考えは却下される。

ジャック・ヒルズから見つかった微細なジルコンの砂粒はもうひとつの驚きを秘めていた。二〇一五年、このジルコンに取りこまれていた石墨の微細な結晶に関する論文が発表された。石墨は結晶化した炭素鉱物で、多くの人びとに広く知られている鉛筆の「鉛」をつくっているのと同じ鉱物である。驚いたことに、その石墨の地球化学的な性質が生物中に見つかる炭素の同位体比に一致していたのだ。これらの特定のジルコン粒子は四一億年の年代を示し、水を包有している四四億年の年代を示す最古のジルコンほど古いものではなかった。それでも、これは驚くべきデータのひとつだ。

生命によって生産される軽い同位体組成をもった最古の炭素は、おそらく最古の化石とともに三八億年前と年代測定されたグリーンランドのイスアの岩石から得られていたのだ。ジャック・ヒルズのジルコンはかつての記録保持者よりも三億年も古い。そして生命の最古の明確な化石の証拠は、三五億年前の西オーストラリア州のワラウーナ層群のアペックス・チャートと南アフリカの三四億年前のフィグ・ツリー層群から発見されたものだ。つまり、この発見は生命の誕生がかつて想像されていた以上に古く、そして冷却された地球上の初期海洋の形成からそれほど後のことではなかったとする考えに発展するのだ。

繰り返しになるが、同一のジルコン粒子から得られた初期海洋の証拠と同様に、生命の誕生がかなり古くなったことを示すこの事実は、初期地球に関するわれわれの考えを変えるものだ。月のクレーターの年代（三九億～四四億年前に集中する）にもとづいて、われわれは初期地球も三九億年前に太陽系由来の隕石の猛烈な落下・衝突イベントを経験したに違いないと推定していた。しかし四四億年前の液体の水の海洋、そしておそらく四一億年前の生命誕生の事実は、地球への隕石の衝突がかつて考えられていたよりも軽微だったらしいことを思わせる。

この本が出版されるまでに、さらに驚くべき発見が公表され、そしてもっと古い岩石の候補が見つかっているかもしれない。それは素晴らしいことだ。それは初期地球の地球科学が活発で、活力に満ちてつねに画期的な発見を生み出していることの証拠だ。ある人にとっては出版される前に時代遅れになった本を執筆するのは苛立たしいことかもしれない。しかし、自然科学は前進し続け、別の決定的な分析が公表されるたびに、われわれは地球に関する新しくて、驚くべきことをいつも学び続けるのだ。

# 第13章 ストロマトライト
## シアノバクテリアと最古の生命

もし進化論が正しいなら、最前期カンブリア紀の地層が堆積する前に、長い時間が経過して、世界は生物に満ちあふれていたことは疑いの余地がない。しかし、それらの最古期に属する地層に化石を豊富に含む堆積物が見つからないのはなぜだろうかという疑問に対して、私は満足のいく答えを示すことはできない。

――チャールズ・ダーウィン『種の起源』

### ダーウィンのジレンマ

ダーウィンが一八五九年に『種の起源』を出版したとき、最も不十分だった点は、三葉虫のような複雑な多細胞生物が出現したカンブリア紀以前に疑いようのない化石が見つからないことだった。一八三一年にダーウィンは、ケンブリッジ大学での指導教員で、「地質学の教授」の称号を最初にもった地質学者アダム・セジウィックのウェールズ西部のカンブリア紀の地質調査の助手をしていたので、カンブリア紀の地層と化石に個人的には慣れ親しんでいた。しかし三〇年ばかり後の一八五九年に生物の進化について執筆したときでさえ、化石が発見されていないことはなおも謎だった。

ダーウィンとほとんどの地質学者は、カンブリア紀以前の古い岩石は計り知れない力と熱によって変成岩に変化しているので、すべての化石が壊されてしまっていることが問題のひとつだとわかっていた。加えて、岩石が古ければ古いほど、変成作用を受けやすいだけでなく、単純に侵食も受けやすい。結局、本当に古い岩石は積み重なった地層の最下底部にあるのがふつうで、より新しいカンブリア紀以降の地層によって埋積されてしまうので、そのような地層は過去の「基盤岩」が上昇し、侵食によって被覆層が削剥されている地球上の数カ所でだけ露出するのだ。

それでも研究者はダーウィンの難問を受け止め、追求し続けた。たくさんの袋小路や偽りの手がかりがあった。一見して原始的な植物の怪しげな枝分かれ構造はオルドハミアと名づけられた。それは蠕虫類（ぜんちゅうるい）〔訳註：ミミズやヒルなどの環形動物〕の掘進跡として形成されたことがわかったが、体化石（たいかせき）〔訳註：生物の体の化石のことで、貝殻、骨などが化石になりやすい〕ではなかった。海洋の最も深い部分からの採泥器で見つかり、ダーウィンの番犬と呼ばれたトマス・ヘンリー・ハクスリーがバシビウスという新生物だとして喧伝したスライム状の「生きもの」は、試料保存のために使われていた硫酸カルシウムとアルコールの化学反応による生成物だったことが明らかになった。ダーウィンの著作が出版される前年の一八五八年、カナダの地質学者、ウィリアム・E・ローガン卿がモントリオール郊外のオタワ川の土手の上でなにか層状の構造をもったものを発見した（図13・1）。岩石中に層状の構造をつくりうる多くの非生物

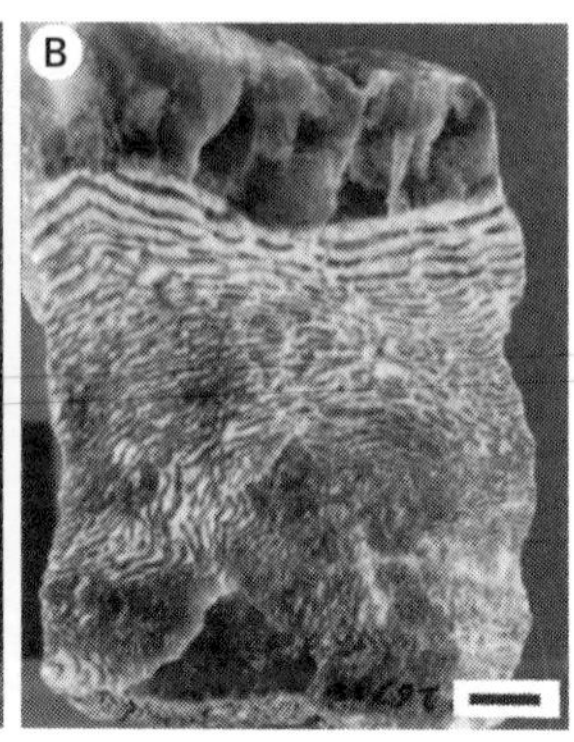

▲図 13.1　かつて化石と考えられたが、現在では無機的に成長してできた偽化石として知られている「エオゾーン」の層状構造。スケールは 1cm
A：J・W・ドーソンの教科書、「生命の黎明」中の図
B：スミソニアン研究所の完模式標本

作用があるので、ほとんどの研究者は納得しなかったが、ローガン卿の弟子の一人でカナダの古生物研究者、J・W・ドーソンはそれが生物によって形成されたものだと確信し、その構造をエオゾーン・カナデンゼ（「カナダの黎明期の生物」）と命名した。彼はそれを「カナダ地質調査所の栄誉の中で最も輝かしい逸品のひとつ」と呼んだ。他の地質学者がすぐにその「化石」とそれが産出した場所を詳しく調査したところ、それはカルサイトと蛇紋石の層からできた変成作用による縞状構造だと結論を下したのだ。

## 疑似化石、それとも本物の化石？

疑似化石をめぐるたくさんのニセ情報が流された後、もっともなことではあるが、地質学者は先カンブリア紀の生物の証拠だと喧伝されたどんな標本に対しても疑い深くなってしまった。それは犯しやすい初歩的な間違いだ。天然の岩石や鉱物が、（経験がない化石愛好家には）本物の化石のように見える構造をつくることはいくらでもある。多くの岩石採集愛好家が頁岩（けつがん）を割ると、その上に繊細に枝分かれした黒いレース状の構造が見つかり、彼らはそれを植物化石だと思ってしまう。しかし、これは有名な疑似化石で、マンガン酸化物結晶の樹枝状成長でできる軟マンガン鉱の樹枝状結晶だ。多くの古生物学者がアマチュア化石愛好家から珍妙な形の岩を手渡され、それが「卵の化石」「脳の化石」「心臓の化石」、なかには「男根の化石」だとさえいわれた。ほとんどの場合、これらは堆積物が単に膠結（こうけつ）〔訳註：続成作用のひとつで、堆積粒子間の間隙水から鉱物が沈殿することによって粒子どうしが連結すること〕されて、それらを連想させるような形になってしまったノジュールとよばれているものである。

しかし一八七八年、もうひとつの興味深い構造が先カンブリア紀の生物の証拠として提示された。若いチャールズ・ドゥーリトル・ウォルコットは、ニューヨーク州最初の公職についた地質学者で、また古生物学者でもあった大家、ジェームズ・ホールの助手をしていた（ウォルコットは後年、アメリカ随一の古生物学者になり、数回にわたってスミソニアン協会の会長、アメリカ地質調査所の所長、全米科学アカデミーの会長を務めた）。保養地であり、競馬の聖地でもあるハドソン渓谷の上流のサラトガを訪問中に、サラトガ・スプリングスから四・八キロメートルほど西、現在はレスター・パークとよばれるところに立ち寄った。そこで、ウォルコットはたくさんの輪切りにされたキャベツの株のような層状構造物の大きな露頭を発見した（図13・2）。この構造は地質学者がすでに発見していて、「ストロマトライト」（ギリシャ語で「層状の岩石」の意味）と名前をつけていた。しかし、レスター・パークの標本は異常だった。二八歳のウォルコットは腰をすえて、これに関する彼の最初の科学論文を書いて出版

▲**図 13.2**　層状構造をもち、クリプトゾーンとして知られているキャベツ型のストロマトライト。その頂部は氷河に削られて平たくなっている。ニューヨーク州レスター・パーク産

し、この構造を「クリプトゾーン」(ギリシャ語で正体を隠した生物の意味)と名づけ、生物の起源だと主張した。

当然ながら、ウォルコットは地質学者仲間から冷ややかな視線を浴びた。彼らは、以前ドーソンがエオゾーンと名づけた層状構造にすっかりだまされたので、いまやひどく用心深くなっていた。世界で最も有名な古生物学者だったアルバート・チャールズ・スワード卿は多くの年月を費やしてウォルコットのクリプトゾーンを却下し、大きな反響をよんだ。スワードはクリプトゾーンには有機的な構造や植物の繊細な組織がなく、個々の層が鉱物の成長で形成されたとする考えを排除するものは何もないと、まっとうな意見を述べた。

それにもかかわらず、さらにもっと別の種類のストロマトライトが発見され、記載され続けた。それらの中には単純な輪切りのキャベツのような形ではなく、ドーム状の柱の形をしたものがあった。他には背が高い塔状のもの(コノフィトン)や中央が平たくなっている凸状の層(コレニア)もあった。シベリアの先カンブリア紀後期の地層に保存状態のよいさまざまな形のストロマトライトが多くみられたので、ソビエトの地質学者はこのような構造の多くに名前をつけ、記載することに着手した。それでもなお、これらが本当に生物起源であって、ある種の地質構造ではないという証拠はないままだった。

## シャーク湾で発見された生きたストロマトライト

ストロマトライトが本当に生物によって構築された構造だということを示す唯一の説得力のある方法は、現在それらが見られ、成長している現場を発見することだった。しかし報告されているほぼすべてのストロマトライトは、わずかな例外をのぞいて五億五〇〇〇万年前の先カンブリア紀の地層から産するものだ。ストロマトライトはかつて地球上で最も一般的で、目視できる大きさの生物構築構造だったが、不思議なことに多細胞動物の進化が始まったカンブリア紀になると姿を消してしまった。

研究があまり進んでいない地域で行われた通常の地質調査中に、画期的な突破口が開かれた。一九五六年、西オーストラリア大学の地質学者、ブライアン・ローガンと他の研究者たちは、西オーストラリア州の北部海岸地域で地質図作成作業を行っていた。彼らは海岸に移動し、パースの北約八〇〇キロメートルにあるシャーク湾とよばれる塩水のラグーンに着いた。潮が引いたシャーク湾の調査中に見つけたハメリン・プールという浅い海域が、高さがほぼ一メートルないしはもう少し大きくて、てっぺんがドーム型の柱状構造物でおおわれているのを発見した（図13・3）。それらはクリプトゾーンやその他のストロマトライトと称されてきた構造物にそっくりだった。

より詳しく観察して試料を採集したところ、シャーク湾の柱状構造物は、ストロマトライトに見られるような微細な砕屑粒子からなるミリメートルサイズの層でできていることがわかった。このとき彼らはこの不思議な層状構造が何からできているのかに気づいた。一つひとつの柱状構造物のてっぺんは、

▲**図13.3**　オーストラリア、シャーク湾で成長しつつある現世のドーム型ストロマトライト

太陽光の下で成長する藍色バクテリアまたはシアノバクテリアの粘着性をもったマット（被覆層）でおおわれていた。昔の本はシアノバクテリアを「藍藻類」として取り扱っているが、シアノバクテリアは、核と細胞小器官〔訳註：細胞核やミトコンドリアなど〕を含む真核細胞をもった本当の植物である藻類ではない。シアノバクテリアは他から独立した核をもっていないが、光合成を必要とする細胞内部の化学成分〔訳註：クロロフィル類など〕をもった原核生物なのだ。

　これらの性質がさらに研究されて、シアノバクテリアがどのようにして層状構造を形成したのかが明らかになった。シアノバクテリアの糸状体でできている被覆層には粘着性があるので、微細な砕屑粒子が打ち寄せて沈積すると糸状体の被覆層にからめ取られてしまう。糸状体は砕屑粒子の薄い層を通って太陽光に向かって成長し、砕屑物を沈着させる粘着性をもった新たな薄い被覆層をつくる。この作用が毎日続くので、もし条件が適切なら日々形成される被覆層が何百枚も重なった構造が観察できるはずだ。シアノバクテリアが死ぬと、古植物学者が昔から探してきた有機物や、より植物らしい構造を欠く層状の堆積物でできた構造物だけが残ることになる。

## ねばねばの膜におおわれた惑星

ストロマトライトは三〇億年にわたって地球を支配していたのに、なぜ五億年前に姿を消してしまったのだろうか？　シャーク湾は形成中のストロマトライトがみられるだけでなく、他の点でも例外的だということがわかった。シャーク湾は湾口部が砂州でふさがれてたいへん狭く、潮の満ち引きのサイクルの間にここを出入りする海水の流れが制限されており、加えて熱帯域にあるため、蒸発速度がたいへん大きい。これは、湾内の海水がたいへん塩辛くなることを意味している（シャーク湾では、塩分濃度が七パーセントで、外洋水の塩分濃度の二倍にあたる）。これは、世界中の潮間帯の岩場で育つ、ふつうなら藻類やシアノバクテリアの薄膜を餌にする多くの腹足動物やその他の生物にとっては塩分濃度が高すぎるのだ。

シャーク湾での発見が一九六一年に公表されると、それまでの見解の趨勢が急速に変化し、大部分の古植物学者と地質学者はストロマトライトが真の生物構築構造であることに同意した。数年のうちには、さらに数地点でストロマトライトが成長しているのが発見され、それらのすべての地点に共通する点がひとつあることがわかった。それはその海水がどんな生物にも――とくに粘着性がある被覆層を餌にする腹足動物などの生物にとっては、生息が難しい環境だった点である。私は、バハ・カリフォルニア州の太平洋岸の塩分濃度が高い干潟で成長中の被覆層の上を歩いたことがある。被覆層はペルシャ湾西海岸の塩分濃度が高い海域でも成長しており、シャーク湾でみられるようなてっぺんがドーム型の大きな柱状構造物は、ブラジルのラゴア・サルガタ（ポルトガル語で塩辛いラグーンの意味）の塩分濃度が高いラグーンでも成長している。ふつうの塩分濃度の海域で成長している数少ない例は、腹足動物でさえ海底にしがみついていられないほど海水の流れが速いバハマ諸島のエクズーマ島〔訳註：実際には砂州〕のストロマトライトである。

では、ストロマトライトが先カンブリア紀層で最もふつうにみられるのはなぜだろうか？　思い出してほしい。シアノバクテリアが最初に出現した三五億年前、それは地球上で唯一の生命体だった。三五億年と年代が決定されている西オーストラリア州のワラウーナ層群中にシアノバクテリア化石が産し、三四億年と年代測定されている南アフリカのフィグ・ツリー層群中にも別の種類のバクテリア化石が産出することがわかっている。つまり、バクテリア類は早くも生命活動を始めていたのだ。本書の執筆のすぐ後に、三八億年と年代が決定されているグリーンランドのイスア表成岩（第12章参照）からストロマトライトの可能性のある構造物が報告された。しかし化石記録は三〇億年以上も前、単細胞のシアノバクテリアよりも大きな生物は何も出現しなかったことを意味している。いわば、地球生命史の八〇パーセントを占める期間、シアノバクテリアの被覆層を削り取ってしまう生物がいなかったのだ。シアノバクテリアは地球上に君臨していた。私の友人、カリフォルニア大学ロサンゼルス校のJ・W・ショップ教授はこう言っている。地球は「ねばねばした膜でおおわれた惑星」だった（図13・4）。

三〇億年間、削り取られることなく浅い海底をおおっていたシアノバクテリアと藻類の被覆層を餌にする、腹足動物などの生物がカンブリア紀前期に初めて出現した。腹足動物などが進化し始めると、ストロマトライトはほとんど姿を消してしまった。それと同時に、海底が粘着性をもった藻類やシアノバクテリアの被覆層におおわれることはもはやなく、他の生物が堆積物の中を掘り進むことが初めてできるようになり、これによって生物の生息可能な空間が広がった。

この「削り取り生物不在」説は、シアノバクテリアや藻類が現在生息する環境（腹足動物や他の捕食者がいない）だけではなく、それらが地質時代においてときどき出現したことからも裏づけられている。シアノバクテリアの被覆層は、捕食者が衰退すればいつでもすぐに復活するし、増加する。地球生命史上の三度の大量絶滅（オルドビス紀末、デボン紀後期、そしてペルム紀末の最大の大量絶滅）の後、打撃を受けて生物がほとんど生き残らなかった「荒廃期」にストロマトライトは大量に復活した。どの絶滅の場合でも、ストロマトライトは、繁栄可能で楽天的な生存種がごくわずかしかいない広々とした空間を生かして、捕食生物が一掃されてさえいればいつでも雑草のように増殖した。

地球生命史の八〇パーセントの期間、地球はねばねばの膜におおわれた惑星だった。化石を残せる眼に見える生命体は、岩石のコンドミニアムをつくるシアノバクテリアの被覆層だけで、他にはいなかった。すべての進化は、最良の条件下でのみ化石として保存されうるシアノバクテリアで起きていた。何

**▲図 13.4**　地球生命史の大部分の期間、単純な層構造のストロマトライトが主役だった（カール・ビュエルによる描画）

が多細胞生物の進化を妨げたのだろうか？　シアノバクテリアの被覆層で海底一面がおおわれていたことが障害になった可能性もあるが、いったん被覆層をかじって餌にする腹足動物が進化すると、そこは他の動物にとっても生存可能な空間になった。ねばねばのバクテリアの被覆膜がなくなった海底には、三葉虫やその他の海底を深く掘穴する生物によって巣穴が掘られた。そしてカンブリア紀初期の地層中に掘穴構造の証拠がみられる。

多くの議論があるものの、地質学者の多くは、大気中の酸素濃度が低かったことが多細胞生物の大型化を阻んだとする考えに賛同している。皮肉にも、低い酸素濃度（第14章で紹介）はストロマトライトをつくったのと同じシアノバクテリアの光合成作用によって打開された。それにはほぼ三〇億年を要したが、シアノバクテリアが少しずつながらきわめて膨大な量の酸素を放出したので、やがて酸素を吸収する地殻構成岩石に酸素が大量に含まれるようになり、ついには酸素が海洋と大気中に豊富に含まれるようになる。いったんそうなると、低酸素条件下でのみ生息可能な嫌気性バクテリアが死滅し、「酸素による大量虐殺」を引き起こした。最終的には酸素濃度が十分に高くなり、酸素呼吸をする蠕虫類や三葉虫のような多細胞動物が進化できたのだ。

事実、あなたが呼吸している酸素の大部分は、森林の樹木から放出されたものではなく、海洋にいる光合成をする藻類とシアノバクテリアの大量発生からもたらされているのだ。だから、この次海岸の岩の上に藻類のねばねばした膜を見かけたときには、それに感謝してほしい。もしそのねばねばの膜が存在しなかったら、あなたはここにはいないだろうし、息をすることもできないのだから。

# 第14章 縞状鉄鉱層

## 鉄鉱石でできた山——地球の初期大気

鉱山の採掘現場を見て、様式美と環境政策の両方の面から景観を復元することに魅入られ続ける題材を発見した。

——デビッド・メイゼル

### 鉄鉱山の富と花開く文化

ミネソタ州北部、ミシガン州あるいはオンタリオ州南部のアイアン・レンジ〔訳註：鉄鉱山地帯〕（図14・1）への旅行は本当に目を見張るものだ。ミネソタ州のメサビ、バーミリオン、クユナ、カナダに延びるガンフリントの鉄鉱山地帯、ミシガン州のアッパー・ペニンシュラ地域のマルケット、ゴジェビックなどの鉄鉱山地帯を訪れると、息をのむような光景を目にすることだろう。いまや水がたまっている巨大な露天掘り鉱山を残して、ほとんど鉄鉱石でできた山地全体が削り取られてしまっている。

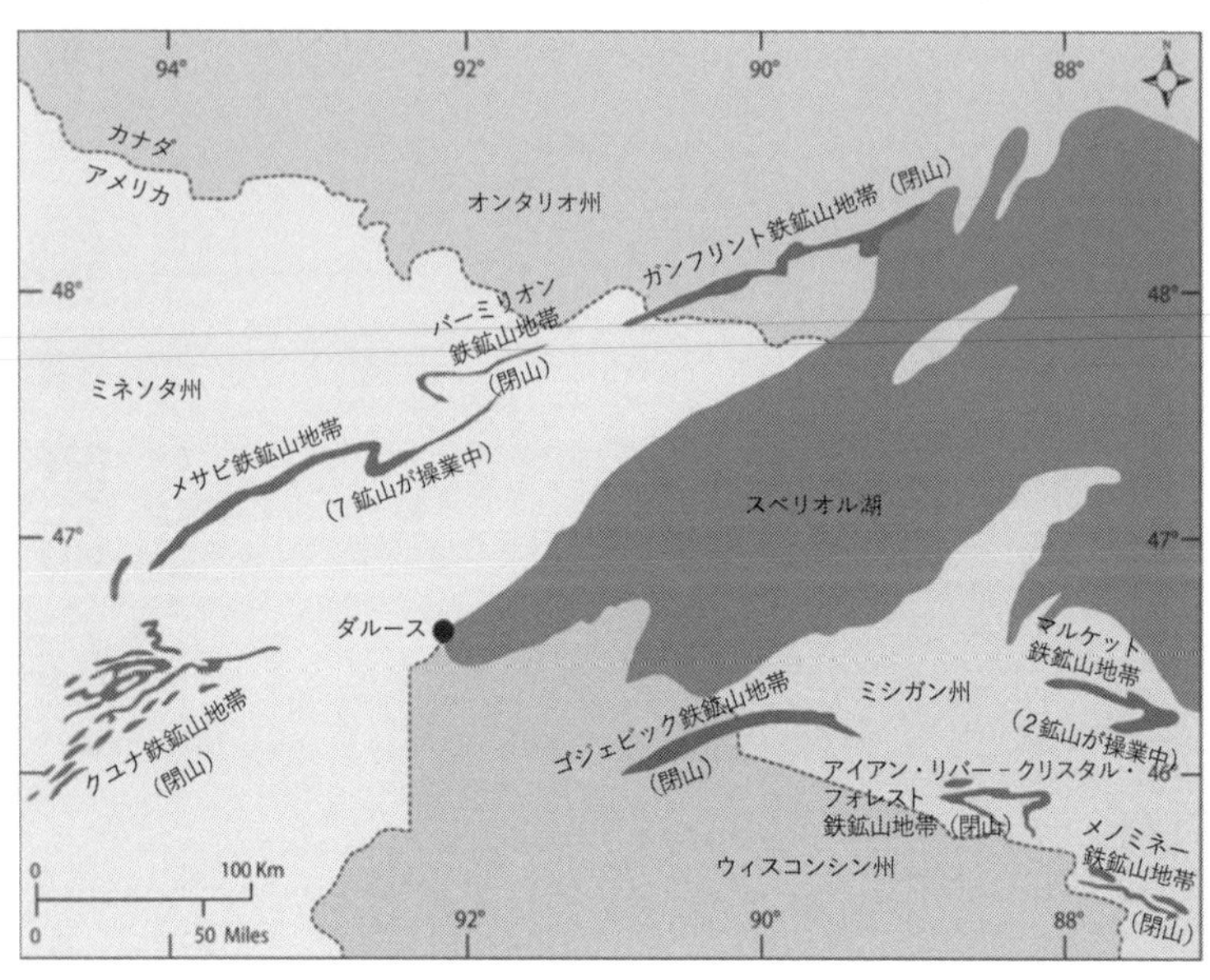


▲図 14.1　スペリオル湖周辺のアイアン・レンジ（鉄鉱山地帯）の位置図

ミネソタ州、ヒビング近くのヒュール・ラスト・マホニング鉱山は世界最大の鉄鉱山のひとつだ（図14・2）。一カ所の採掘場だけで二・四キロメートル×五・六キロメートルに及び、一八〇メートル以上の深さがある。そのへりに立つと、採掘場は小さな海のように見える。底にたまっている水を見渡すと、鉱山が現在もなお操業しているのがわかるだろう。表土を取りのぞく掘削機のショベルは家一軒よりも大きく、採掘機は大型だ。巨大な掘削機械とダンプカー（図14・3）は直径三・五メートル以上のタイヤを備えている。

一八九五年に開業したヒュール・ラスト・マホニング鉱山は六億三五〇〇万トンを超える鉄鉱石を生産し、草木も生えていない荒涼とした土地の至るところに

**▲図 14.2**　ミネソタ州、ヒュール・ラスト・マホニング鉱山の鉄鉱石露天掘り採掘場の全景

**▲図 14.3**　鉱山の重機の大きさは驚異的だ。これはミネソタ州チザムのミネソタ鉱山博物館に展示されている引退したダンプカー

四五〇トン以上の廃石が積み上げられている。鉱山が拡張され、最初に町があった場所を飲みこんでしまったため、ヒビングの町はもとの場所から移転しなくてはならなかった。アメリカで生産されたすべての鉄のほぼ二五パーセントは、鉄の山と呼び習わされたこの露天掘り鉱山からのものだ。一八〇〇年代後半から一九〇〇年代初頭の産業革命期につくられた建物や機械に用いられた鉄の大半は、この鉱山で生産された。とくに第一次世界大戦と第二次世界大戦中の船舶、戦車、航空機の製造には膨大な需要があった。

ヒュール・ラスト・マホニング鉱山は、唯一のこの種の鉱山というわけではない。ミネソタ州バージニア近くのロックロー鉱山は長さ四・八キロメートル、幅〇・八キロメートルで、深さは一三七メートルの規模だ。一八九三年に開業し、二億七〇〇〇万トン以上の鉄鉱石を生産してきた。この鉱山は今も拡張中で、マインビュー・イン・ザ・スカイ鉱山博物館は移転しなくてはならなくなった。アメリカの州間高速道路五三号線は、渓谷を横切る橋を架けて、拡張し続ける採掘場から離れるようにルート変更を余儀なくされた。別の巨大鉱山がミネソタ州スーダンで発見されている。この町は、長くて厳しい、凍てつくミネソタの冬に苦しんだ鉱山労働者たちが、アフリカのスーダンの暑い砂漠の気温を夢見て、ふざけて名前をつけたのだ。

これらの鉱山と富はアメリカの歴史に計り知れない影響を及ぼしてきた。スペリオル湖地域の鉄は、アメリカの鉄鋼が無数の自動車やその他の機械とともに、大型建築、造船に使えることを意味した。アイアン・レンジで採掘された鉄鉱石はタコナイトという酸化鉄鉱物の小石大の粒に粉砕され、スペリオル湖岸の港、とくにミネソタ州ダルースに列車で輸送された。鉄鉱石運搬船はスペリオル湖を横切り、ヒューロン湖を経て、エリー湖に入ってクリーブランドまで貨物を運搬し、鉄鉱石はそこからオハイオ州東部とペンシルベニア州西部の製鉄所に運ばれた。そこでは、近接のアパラチア炭田産の石炭を満載した貨物船が河川（ピッツバーグ周辺の三つの河川、アルゲニー川、モノンガヘラ川、オハイオ川）を航行し、未加工のタコナイトを高品質の鉄鋼に加工する精錬所の溶鉱炉の動力を供給した。

アイアン・レンジの鉄は文化的な影響さえ与えた。カナダのフォーク・ソング歌手ゴードン・ライトフットは、一九七五年のスペリオル湖の嵐の中で起きたエドモンド・フィッツジェラルド号の悲劇的な遭難事故を歌って、翌一九七六年に大ヒットさせた。ミネソタ州ヒビングには、野球界の巨人ロジャー・マリス（ベーブ・ルースのホームラン記録を破った）、バスケットボール界の巨人で一九八〇年代のチャンピオンチーム、セルティックスのケビン・マクヘイルといった人びとの生家があることで有名だ。ダルースで生まれ、ヒビングで育ったミュージシャン、ボブ・ディランは、彼が知っている鉱山労働者の厳しい生活を「ノース・カントリー・ブルース」（一九六三）で歌った。

鉄鉱山の資源と文化はアメリカに計り知れない影響を及ぼしてきたが、一九七〇年代から一九八〇年代には大半の鉱山が閉山してしまった。当時、安い鉄鉱石が世界の多くの場所から、とくに西オーストラリア州、ピルバラ地塊のハマスレー地域の膨大な量の鉄鉱石が輸入されつつあった。ハマスレー地域の露天掘り鉱山は規模がたいへん大きいため、宇宙からでもそれとわかるし、いまや世界最大の鉄鉱石産地になっている。二〇一四年、オーストラリアは四億三〇〇〇万トンの鉄鉱石を生産したが、そのほとんどはハマスレー地域の鉱山で採掘されたものだった。オーストラリアの鉄鉱山には二四〇億トンの鉄鉱石が埋蔵されていると推定する地質学者もいる。対照的に、二〇一四年にアメリカはわずか五八〇〇万トンしか生産していない。しかし鉄に対する中国の最近の膨大な需要はオーストラリアの鉱山で生産できる量を超えており、操業を再開したアメリカの鉄鉱山もある。

## 無酸素の地球で形成された縞状鉄鉱層

どのようにしてミネソタ州のアイアン・レンジや、オーストラリアのハマスレー地域のような場所で大量の鉄が形成されたのだろうか？　これらの鉄鉱石の大部分はわれわれが縞状鉄鉱層とよんでいる地層に由来する。その名前が示すように、この地層は純粋なシリカ〔訳註：$SiO_2$を主成分とする物質〕（チャートまたはジャスパーの形）の層と互層する厚さ約数ミリメートルから数センチの赤色の鉄の層（図14・4）でできている。露頭が広大な面積に及び、これらの互層する縞状層が何千枚も連続して重なることがある。これらの地層が一八〇〇年代中頃に最初に発見されたときには、地層が意味するところは謎だった。さらに驚いたことにこの地層は、純粋な鉄と、ふつうなら鉄が堆積しているときに太古の海に流れこむと予測される砂や泥がほとんどもしくはまったく含まれていないチャートでできているのだ。

それでは、砂や泥がまじり合うことなく、海水に溶存した鉄とシリカはどのようにして海底に沈積したのだろうか？　まず知っておくべきことは、鉄はたちまち酸化していろいろな形の酸化物（「錆」）になって他の鉱物にくっつくか、沈殿してしまうので、現在の海洋では溶存状態で存在できない点だ。海水中で大量の鉄を輸送し、濃集させる唯一の条件は、溶存酸素の量がごく小さくて鉄が酸化物にならな

▲図 14.4　縞状鉄鉱層の露頭

いことだ。これは縞状鉄鉱層が形成されたときの太古の海が完全に無酸素状態であったに違いないことを証明しており、多くの地質学者は海洋と同様に大気でも酸素含有量がたいへん低かったと考えている。

次に海盆が陸地から十分に遠く隔たっていれば、鉄とシリカの化学的沈殿作用が進行する深海には陸地から砂や泥が混入しえないことを知っておく必要がある。砂や泥が太古の大陸の縁にあった海盆で沈積する一方で、おそらく鉄が沈積した海盆は太古の海洋の中央部にあったのだろう。しかし、ハマスレーの鉄堆積物は浅い大陸棚で形成されたらしく、上記の堆積モデルはすべての縞状鉄鉱層に当てはまるわけではない。要するに、海洋に流れこむ溶存鉄を大量に供給する源が何かあれば、膨大な鉄の沈積はもっと簡単だろう。多くの地質学者は、鉄の多くが太古の中央海嶺に分布する玄武岩質溶岩（鉄に富む）の風化と、場合によって

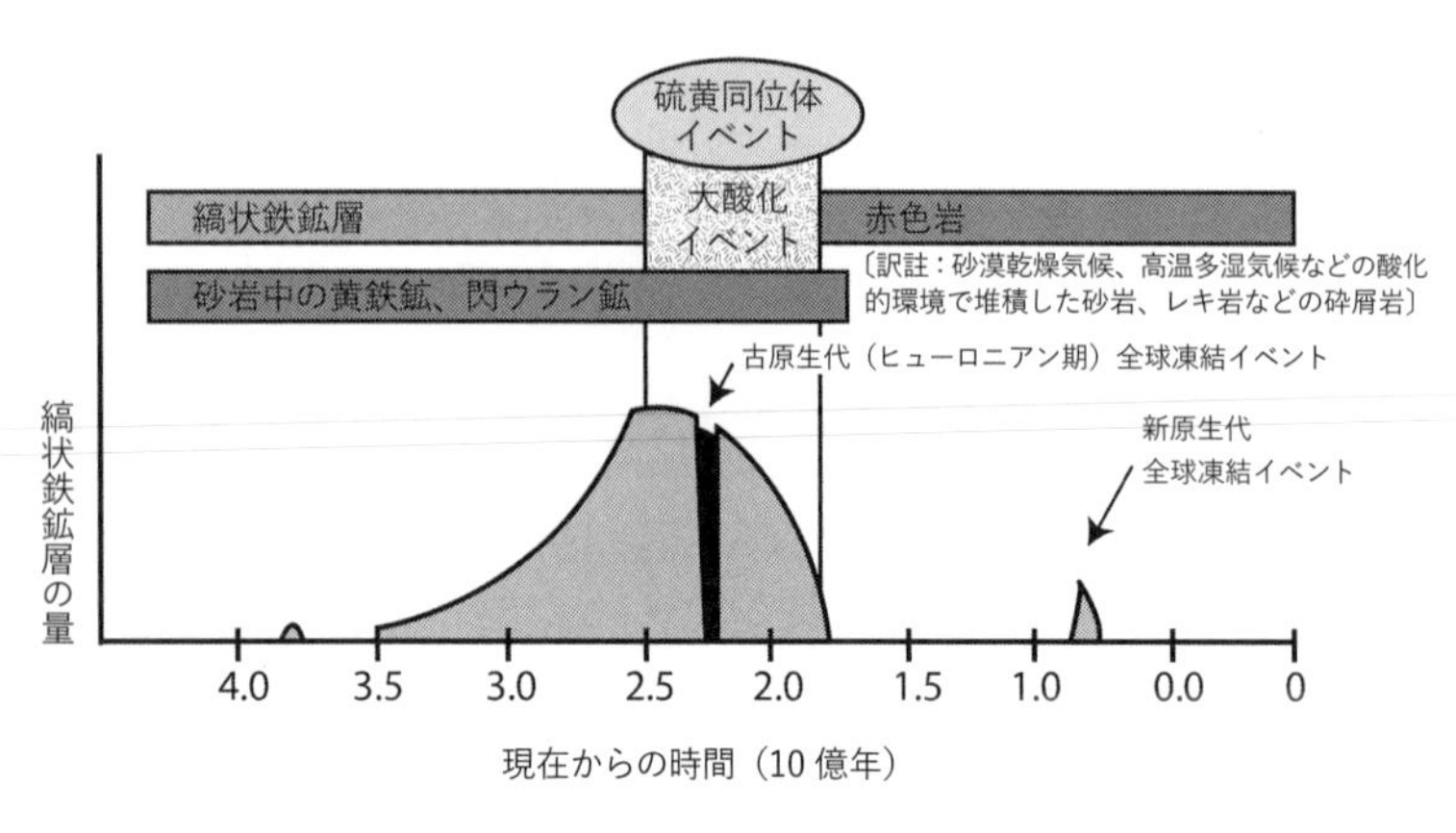


▲**図 14.5**　先カンブリア紀での縞状鉄鉱層の形成、ストロマトライトの形成、酸素濃度上昇の時期

は陸上の岩石の風化（河川水も完全に無酸素だった場合にのみ可能性がある）に由来したと考えている。縞状鉄鉱層を研究している地質学者は、最大級の鉄鉱床の中には、「巨大火成岩岩石区」（LIPs）といわれる洪水玄武岩〔訳註：粘性が低いため、広い範囲に広がる玄武岩質溶岩〕の噴火が起きたときに形成されたものもあることに気づいた。大気と海洋が酸素に乏しく鉄が溶存したままであり、鉄酸化物が形成されなかった時期に、この膨大な量の溶岩の風化で大量の鉄が生産されたのだろう。

縞状鉄鉱層は、グリーンランドの三七億年前の岩石、第12章と第13章でふれたイスア表成岩類など、地球上で最も古い岩石中に見つかることがある。世界の縞状鉄鉱層の大多数は、地球が無酸素の大気に包まれていたばかりか、コマチアイトという不思議な溶岩でできた初期海洋とその周囲にあった小さな初期大陸でおおわれていた太古代（四〇億〜約二五億年前）に形成されている（図14・5）。二六億〜二四億年前、最大規模の縞状鉄鉱層、とくにオーストラリアのハマスレー地域の広大な鉄鉱石の山地、スペリオル湖周辺のアイアン・レンジ、そしてブラジル、ロシア、ウクライナ、南アフリカの同様な堆積物が形成された。この期間は巨大火成岩岩石区での大規模噴火が最盛期を迎えていたときでもあった。粒状鉄鉱層といわれる鉄鉱石が大規模に形成されたものの、縞状鉄鉱層は姿を消し始めた。

## 酸素による大虐殺イベント

その後およそ二三億年前頃、あるイベントが発生した。七億五〇〇〇万～五億八〇〇〇万年前の「全球凍結事件（イベント）」（第16章参照）の期間中の少数の間欠的な産出（図14・5）をのぞけば、一九億年前頃には縞状鉄鉱層と粒状鉄鉱層は完全に姿を消してしまった。地質学者の多くはこれが、酸素が地球の大気中で、そしておそらく海洋でもついに決定的な含有率に達し始めたときの出来事だと考えている。この出来事は「大酸化イベント」（GOE）といわれるようになった。

酸素が、現在の大気にみられる二一パーセントという含有率に近いところはまだ地球上のどこにもなかった。それどころか、二四億年前のほぼ無酸素の状態から、現在の海洋での酸素含有率の約一パーセントまで上昇したにすぎなかった。しかし、これは海水中の溶存鉄を酸化するには十分だった。そして約一九億年前、大気中の酸素はまだ豊富とはいえなかったが、海水の酸素含有率が十分に高くなったため酸素が大気中に散逸し、おそらく地表の岩石を風化させたのだと地質学者は考えている。酸素が現在の濃度に達したのは、大気と海洋が酸素で飽和されたため、現在の大気と海洋がともに完全に酸化状態になった最近のわずか五億年間だと考えられる。

酸素含有率がこの低さだったことはどうしたらわかるのだろうか？　最も明らかな証拠は、海洋がきわめて低い酸素含有率だったため、鉄が酸化されて鉄錆（鉄酸化物）として沈積するのではなく、溶存状態で存在しうるときに形成された縞状鉄鉱層である。他の地球化学的な証拠もある。黄鉄鉱（硫化鉄、$FeS_2$）または「愚か者の金」でできた砂粒や小石が一九億〜一八億年前の河川堆積物からみつかることがある。

現在では黄鉄鉱は、水流が停滞した水底、大気から遮断された地下深部の温泉水や地殻構成岩の中などの酸素含有率がきわめて低い環境で形成される。地表でいったん黄鉄鉱粒子が風化すると硫化鉄ではなく、速やかに酸化鉄の粒に分解される。私は、鉱物学的な性質は変化してしまっているにもかかわらず、黄鉄鉱の結晶形を保っている酸化鉄の標本を採集したことがある。黄鉄鉱が分解すると、鉄が放出され、硫黄は酸化されて硫酸塩に変化し、石膏（硫酸カルシウム、$CaSO_4$）などの鉱物を形成する。

当然のことだが、およそ一八億年前よりも以前に大規模な石膏鉱床はほとんどなく、またこの時期以降には黄鉄鉱の砂粒や小石はみられない。酸化ウラン（ウラニナイト、$UO_2$）は一七億年以前にはふつうにみられるが、それ以降にはまったく発見されない。黄鉄鉱の砂粒や溶存した鉄のように、ウランは酸素に富んだ大気中では不安定なのだ。

別の指標もある。炭素同位体比の記録を時系列で見ると、約二二億年前以降になると、低酸素に伴う、きわめて低い炭素同位体比はみられない。太古代の岩石の硫黄同位体比は変動幅が大きく、至るところで変化している。しかし硫黄同位体は黄鉄鉱のような鉱物中ではもはや遊離しておらず、酸素に富んだ環境でふつうにみられる石膏などの鉱物中に固定されるので、二四億年前以降では硫黄同位体はたいへん安定している。

こうして酸素が利用できるようになると、地球はたちまち劇的な変動の時代に突入した。無酸素状態で生息してきた生物にとって、酸素のような活性が大きい分子の出現は死を意味したので（第13章参照）、大酸化イベントは別名「酸素による大虐殺イベント」ともよばれている。現在では、このような貧酸素状態に適応するバクテリアや菌類は、酸素に乏しく、水の動きが停滞した湖や黒海のような海の底で生息しなくてはならない。しかし二三億年よりも前には、これらの生物が地球に君臨していたのだ。大気が酸素に富むようになると、彼らにとってそれはまさしく大量虐殺で、富酸素状態で生存できる菌類に地球を明け渡すことになった。

そこで厳しい疑問が持ち上がる。地球の大気はどこで酸素を獲得したのだろうか？　答えは明快だ。それは光合成だ。最初は藍藻類またはシアノバクテリアの光合成による酸素で（第13章参照）、最終的には真核生物である本当の「藻類」が進化したときの酸素だ。植物からの酸素と同じだ。

大きな謎は、シアノバクテリアの化石は三五億年前、もしかすると三八億年前に遡って知られているのに対して、大酸化イベントが二三億〜一九億年前に始まったという点だ。シアノバクテリアによる酸素生産が微々たるものだったので、地球にそれほど大きな影響を及ぼさなかったのだろうか？　それともシアノバクテリアは大量の酸素を生産したが、最終的には大量の酸素が生産されて、地殻の貯留体が酸素で飽和に達し、大気に酸素として含まれるようになるときまで、酸素は酸化された地殻構成岩石

（例えば縞状鉄鉱層）に固定されていたのだろうか？　あるいは一二三億年前とは、大型の細胞をもち、さらに大きな酸素生産能力をもっていた真の真核藻類が出現した時期にあたるのかもしれない。もしかすると、ずっと小さいシアノバクテリアにはできなかったが、真の藻類だけが地殻の酸素貯留体を圧倒的に上回る大量の酸素を生産できたのかもしれない。

理由はともかく、議論は意見が多く、推論も多い。そして答えに広い賛同は得られていない。はっきりしているのは、一七億年前以降、真の真核藻類が至るところに存在し、地球の酸素バランスを絶え間なく変化させつつ、約一パーセントかそれ以上の酸素を含んだ大気が存在していたことだ。

考えておくべきことがもうひとつある。かなりの酸素がなかったら、多細胞生物は出現することができなかっただろう——そして人類も進化できなかっただろうから、われわれがこの問題を議論することもなかっただろう。事実、すべての生物の進化（嫌気性バクテリアをのぞく）は、光合成シアノバクテリアと植物の進化がなければ誕生しえない酸素に満ちた惑星に依存している。これは地球外生命と他の惑星の生命についての推論に厳しい制約条件になる。天文学者が適切な大きさ、温度、そしておそらく表層に液体の水の海さえあって、地球に性質が似た他の惑星をたくさん発見しているのは事実だ。しかし知られている限りでは、大気中に酸素が含まれている証拠はない。酸素が存在しないと、多細胞動物や多くのＳＦ映画（そして宇宙人やＵＦＯを信じる人びとの文化全体）にみられる宇宙人のような生物は存在しえない。嫌気性シアノバクテリアが他の惑星の地殻深部の岩石に存在する可能性はあるが、十分な酸素がなければ他の惑星の宇宙人やわれわれの想像物は存在しないのだ。

# 第15章 タービダイト
## ケーブル切断の謎が明らかにした海底地すべり堆積物

過去の堆積物は積算すると何百メートルもの厚さになる。
しかし河川の未成熟なシルトが堆積物の底部から頂部までのすべてを構築している。

——ジョン・ジョリー

### 問題その1・ちぎれた海底ケーブルの謎

一九二九年一一月一八日、ニューファンドランド島、ノバスコシア州などのカナダの沿岸地域の小さな漁村の人びとは、現地時間午後五時二分に発生した強い地震で激しく揺さぶられた。揺れは遠くニューヨークやモントリオールでも感じられた。被害はこの地域に広く及び、被害額は少なくとも合計四〇万ドルに達した。さらに破壊的だったのは、一連の津波（地震によって発生する海の波）が海岸に押し寄せ、海辺の集落のほとんどを壊滅させたことだ。地震発生からわずか二時間後に高さ六メートルの津波がニューファンドランド島の海岸を襲い、震央から一四四五キロメートル離れたバミューダ海域にも到達した。規模の小さな津波はサウスカロライナ州にも到達し、大西洋を横切ってポルトガルまで達した。ニューファンドランド島のブリン半島の海岸の町は津波によってほとんどが流されてしまった。ある情報では、

津波の力で家屋は土台から持ち上げられ、スクーナー船やその他の船が海に流され、作業用の足場や魚干し台が壊され、埠頭、魚屋、その他の半島の長い海岸線沿いの建築物に被害が及んだ。ブリン半島の四〇以上の集落を襲った津波によって約一二万七〇〇〇キロの塩タラが流出した。ガウル岬では、一〇〇軒近い建物が破壊されるとともに集落の漁具や食料供給路も破壊された。セント・ローレンスでは、作業用の足場、魚干し台、船外機つきボートがすべて失われた。政府の査定ではブリン半島での物的被害は一〇〇万ドルに達すると判断された。

しかし、物的被害以上に深刻だったのは人命の喪失だった。ニューファンドランド島南部では、カナダの歴史に記録されている地震関連の災害による死者を上回る二八名が津波の犠牲になった。犠牲者のうち二五名は津波で溺死し（うち六人の遺体は沖に流されて行方不明）、他の三名は後になってショックまたは津波に関連した原因で死亡した。死亡者はアラン島、ケリー入江、ガウル岬、ローズ入江、テイラー湾、ブラス港の六つの集落に限られていた。幸い、津波が襲ってきたのは、ほとんどの人がまだ起きていて、水位の上昇に対して迅速に対応することができた静かな夕方だった。多くの人びとは何とか自宅から脱出し、高台に避難した。

三日後、最初に到着した蒸気船ミーグル号などの緊急災害救援船が、薬品、資材、食料、医師、看護師を運んできて、負傷者や病人を手当てし、地域の復旧に尽力した。別の報告書にも救援船の活動が記録されている。

一一月二一日の早朝、蒸気船ポーシャ号は予定通りブリン港に到着した。幸いなことに、ポーシャ号には無線ラジオがあり、通信士がただちに状況を説明する無線メッセージをセント・ジョンズに送信した。船長のウェストバリー・キーンは、被害を目のあたりにしたときの衝撃を後日イブニング・テレグラム紙に寄せた。「水路の岬を回ったときに、海岸線沿いに海のほうに向かってゆっくりと漂っていく大きな店舗と、その後ろに続いて別の店舗や住宅など九つまでは数えられた建造物が流されていき、港の手前で海辺に散らばってしまうのを見たわれわれの戸惑いと驚きを想像してほしい。港に着くと、さらに恐ろしい光景が飛びこんできた」

総額二五万ドルに上る義援金がアメリカ、カナダ、イギリスから寄せられた。

当時、人びとは地震のことを知らなかった。しかしその地震はマグニチュード七・二で、この地域としては異常なほど強烈なものだった。このクラスの地震ならふつうはもっと大きな被害を出すが、この地震は町の直下ではなく、ニューファンドランド島の南四〇〇キロメートル沖で起きた。震源は有名な漁場で、世界最大のタラの漁獲量を維持していたニューファンドランド島のグランドバンクス〔訳註：ニューファンドランド島南沖の大陸棚の上にある台地状の高まり〕の深海だった。震源がはるか沖合にあったの

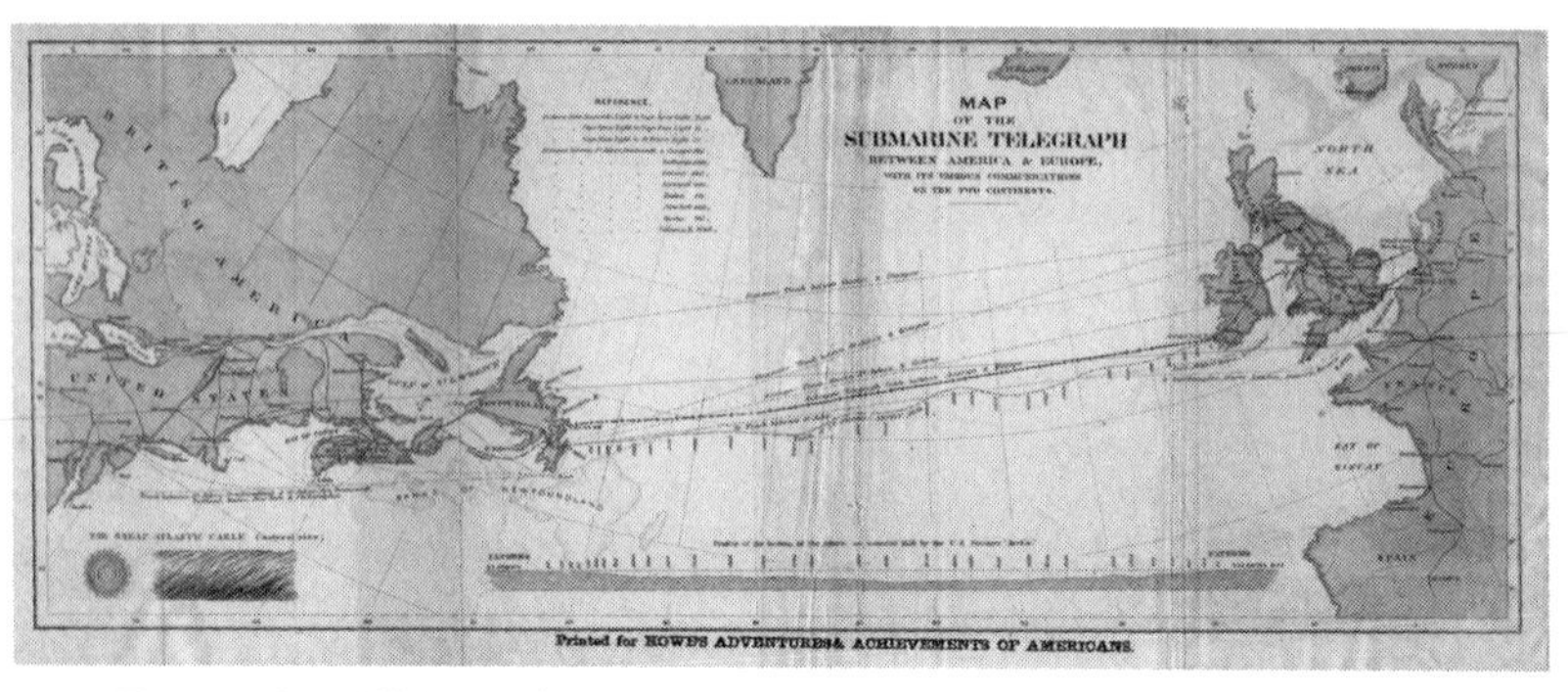


▲図 15.1　大西洋横断ケーブルのルート

で、地震波は長距離を移動し、人間の生活空間に到達する前にかなりのエネルギーを失ってしまっていた。

もうひとつ特筆すべきことが発生した。それは、北アメリカとヨーロッパの間のほぼすべての電話・電信サービスが停止したことだ。ラジオ、人工衛星、マイクロ波などによる無線通信はこの時代にはまだ登場していなかった。その代わりに大西洋を横断する電話・電信による通信すべては、一八五八年から、船舶によって敷設された巨大な大西洋横断ケーブルを通して行われていた（図15・1）。ケーブルの一部は、第8章で紹介した有名な物理学者ケルビン卿によって設計された。完工時、ケーブルは大西洋の深海底を横切ってイギリスからニューファンドランド島までの四三〇〇キロメートルを横断し、陸上ケーブルを使って通信が全米各地に伝えられた。一九二九年までには、一二本ものこのような海底ケーブルがグランドバンクスを横切って大西洋の海底に設置されていた。

最終的には、海底ケーブルの回収と修復のために船舶が派遣され、大西洋横断通信は復旧した。人びとは地震による海底ケーブルの破損をはっきりと実感したが、どのようにして破損が起きたのかは誰にもわからなかった。切断された海底ケーブルの謎は資料としてしまいこまれ、何年もの間に忘れ去られていた。

## 問題その2・何百回も続く級化構造の不思議

地質学者は初期地球の岩石、とりわけ太古代（四〇億〜二五億年前）といわれる時期の岩石を理解しようと長年苦労してきた。他の章でみてきたように、太古代の岩石は、どうやら今日われわれが知っているどのようなものともたいへん違う環境を記録しているらしい。

例えば、大陸地殻はたいへん薄くて高温で、小型の大陸または初期大陸でできていた。太古代の大陸地殻は、今日われわれが知っているような、大きくて厚く、しかも冷たい大陸地殻ではなかった。海洋底は最下部地殻の深部、さらにはマントルから噴出した溶岩でできていて、その構成物は先カンブリア紀以降には噴出例がないコマチアイトとして知られるカンラン石に富んだ特殊な溶岩だ——現在の海洋底はすべて玄武岩でできている。太古代が終了するまで、大気にはほとんど酸素が含まれていなかったことを意味する縞状鉄鉱層（第14章参照）が世界各地の多くの堆積盆から発見されている。

そして第11章でみたように、月は地球のずっと近くにあったので、空に大きく見えただけではなく、数時間ごとに浅海部を通過する強力な「潮汐波」〔訳註：高波は強風、高潮は気圧変化で発生するのに対して、潮汐波は主に月が地球に及ぼす引力と地球の自転による遠心力で約半日周期で発生する潮の干満に伴う水平方向の海水の動きのこと」を発生させる強い潮汐力をももっていた。

さらに独特なことが、砂岩などの堆積岩にみられた。太古代以降のほぼすべての地層に最もふつうに含まれる砂岩のほとんどは、地表で最もよくみられる鉱物であり、また風化に対する耐久性が大きい石英でできている。これは他の大多数の鉱物（ほとんどの火成岩を構成する長石などの鉱物）が化学的風化でたちまち分解されてしまうからだ。一方、石英は化学的に不活性で（単に二酸化ケイ素、$SiO_2$）、加えて長石のように鉱物を破片化させやすい鉱物劈開をもっていないのだ。その結果、石英が基盤岩から削剝され、河川や渓流を運ばれていっても、他の固い粒子による打撃や衝突に耐え、また溶解に対しても耐久性が大きい。結局、河川が砂粒をはるばると下流の氾濫原あるいは海岸や海に運搬していくと、たいていの浜辺の砂や川砂は、他の鉱物をごくわずか含むが、ほとんどの場合、石英に富むものになってしまう。

やがてはその同じ砂が再循環する。堆積盆を埋積し、膠結作用を受けた砂岩になって再び上昇し、山地から削剝されて、再び砕屑粒子になる。このサイクルを繰り返すたびに砂岩は石英に富むようになり、不安定な鉱物粒子（長石や岩石片に由来する砂粒子）はほぼ完全に失われてしまう。石英と、風化に対してたいへん耐久性が大きい他の鉱物（ジルコン、電気石、ルチル、またはＺＴＲ指数――第12章参照）の含有率が高くなるほど、砂岩はより「成熟している」という。砂岩の中には、非常によく円磨され、またよく淘汰されて、すべての粒子の大きさが互いにほぼ等しくなり、純粋な石英の含有率が九九・九九パーセントに達する、「超成熟している」といわれるものもある。堆積地質学者は長い間、どのような条件下でこのような極端な石英砂岩の形成が促進されたのか疑問に思ってきた。彼らの大多数は、石英に富み、よく円磨された粒子に富んだ砂を形成するには、砂粒が最終的に海洋に運びこまれ、膠結作用を受けて砂岩になる前の少なくともある期間、風で堆積した砂丘を構成していなければならないとする考えを支持している。

これは、二〇億年前以後に形成された砂岩に対して堆積地質学者が推定したことであり、現在形成中の砂岩に対するわれわれの見方でもある。しかし、太古代の堆積岩が露出する数少ない地域（カナダ中央部、南アフリカ、ブラジルなど）を訪れたとき、地質学者は驚いてしまった。ふつうの砂岩がまったく見あたらないのだった。その代わりに、ほとんどの堆積岩（縞状鉄鉱層をのぞく）は、何百回も連続して頁岩層と互層し、そして厚さを変化させることなく水平方向に遠距離まで連続する、厚くて層厚が側方変化しない平行〔訳註：水平方向に厚さがほとんど変化しないこと〕な砂岩層だったのだ（図15・2A）。

もうひとつの特異性はこれらの砂岩の岩質だった。その砂岩は、太古代以降に典型的な、きれいで純粋な石英砂岩ではなかった。通常の砂岩にみられるように粒子間隙が明確な空洞ではなく、粒子間隙には大量の泥が含まれており、ドイツ人地質学者が灰色泥質硬砂岩とよんだ未成熟な砂岩〔訳註：グレイワッケ、一五パーセント以上が泥や細粒砂の基質と淘汰不良の石英、長石、岩石片などの粒子からなる砂岩〕だった。さらに驚くべきことは、このグレイリッケ質砂岩の個々の層は下底部が粗い粒子（細礫と粗粒砂）で、一枚の砂岩層の上部にいくにつれて砂粒子がだんだん細粒になって、最上部はしばしば細粒の頁岩に変化する級化構造（図15・2B）といわれる特徴的な構造をもっていたことだった。

頁岩層と互層し、級化構造をもつ非常に新しいグレイワッケが知られている地域が世界にはあるが（ドイツの上昇中のアルプス山脈、カリフォルニア南部の深海堆積盆など）、これらの構造はすべて特異

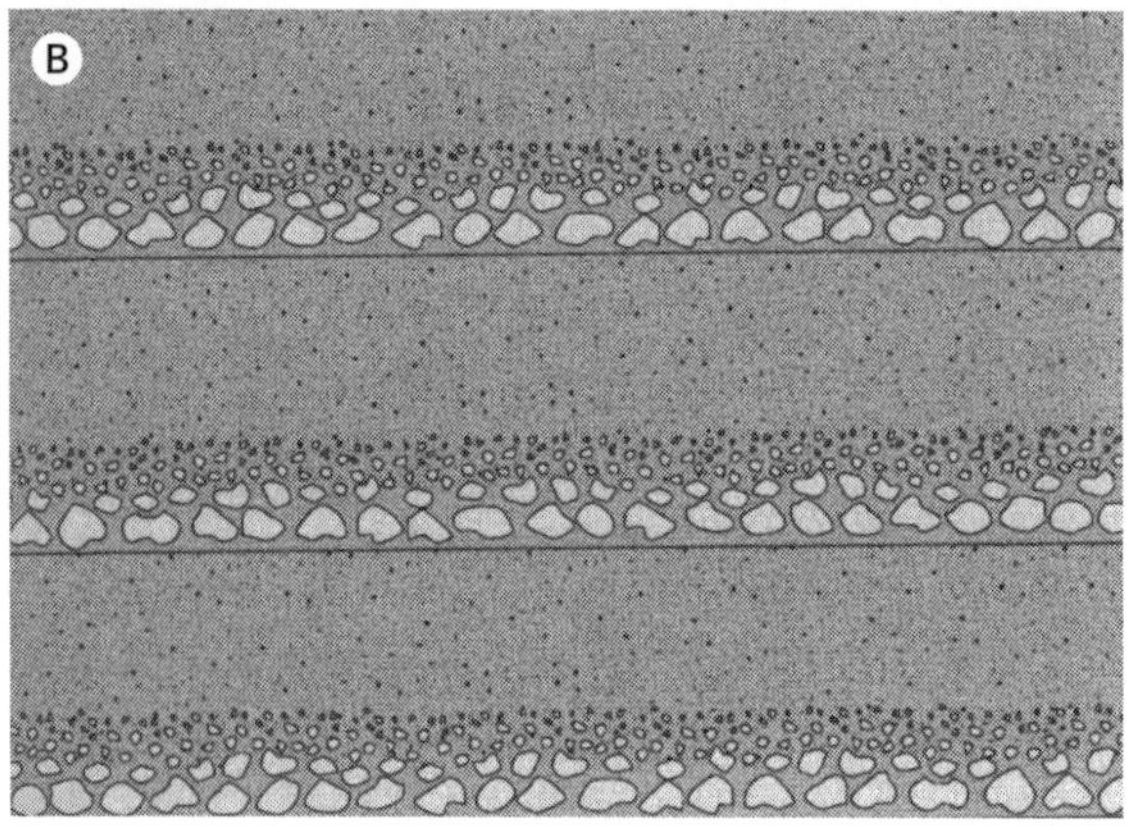

▲図 15.2
A：太古代の堆積物に典型的な級化構造の繰り返し
B：各層の底部が粗粒粒子、最上部が細粒の粒子からなる級化構造の繰り返しを示す図

なものだった。しかしそれらがどのようにしてできたのかは依然として謎だった。

級化構造は砂と泥の混合物が懸濁状態から沈積したことを意味しており、最大径の粒子が最も速く沈降し、細粒の泥が非常にゆっくりと沈積するので、粒子の大きさが粗いものから細かいものへと連続的に変化したのだ。その点はすべて十分に明らかだったが、この現象が何百回も続いて発生した理由はどう説明すればよいのだろうか？　地質学者は、級化構造をもった一枚の地層が、浅海で堆積した砂岩からより深海で堆積した頁岩への変化を表していることは想像できたが、その変化を何百回となく連続して発生させるには海水面の高さがヨーヨーのように急速に上下する必要があった——地質学的にはありえないことだ。

このような特異な岩石を疑問に思えば思うほど、地質学者はいっそう混乱に陥ってしまった。堆積地質学の大家フランシス・J・ペティジョンは一九二〇年代後半と一九三〇年代初頭に行ったカナダ北部の太古代層の地質図作成作業に関して、一九八四年の彼の有名な自伝、『悔いなき野外地質学者の回想 *Memoirs of an Unrepentant Field Geologist*』でこう述べている。

> グレイワッケの広い分布は私には衝撃的だった。太古代の砂岩はすべてグレイワッケ——角張った石英、長石、岩石片でできた灰色の岩石だった。太古代の砂岩が、ヒューロン湖北岸のヒューロニアン期〔原生代前期〕の先カンブリア紀の白っぽくてきれいな石英砂岩や、ミシガン州のアイアン・レンジ〔訳註：第14章参照〕の石英砂岩と外見が大きく違っているのはなぜだろうか？　さらには、太古代の岩石組み合わせは独特で、グリーンストーン〔訳註：太古代の低変成度の玄武岩

類〕とグレイワッケで構成されていて、石灰岩や石英砂岩を欠いているのだ。

困惑しながらも、地質学者はこれらの特異な堆積物の説明に全力で挑んだ。一九三〇年、E・B・ベイリーは、周期的に発生する地震で堆積物が攪拌され、その後、ゆっくりと沈積して形成されたのではないかと提案した。他の研究者たちはさらに憶測に富んだメカニズムを考えていた。ほとんどは単に堆積物を詳しく記載することでよしとしたが、それは成因についての推論を避けたものだった。太古代の砂岩についてはっきりしていたのは、それらはすべて山地から新たに削剥されたことが明らかで、淘汰作用、掃き寄せ作用、再循環を経験していない未成熟なグレイワッケだということだった。これはきれいな石英砂岩が含まれていないことをうまく説明した。級化構造がある砂岩は、重力によって粗い粒子がまず沈降し、その後から細かな粒子が沈積してできた堆積物だということは明らかだったが、そのような現象がどのようにして起きたのか、そしてなぜそれがリズミカルに何百回も繰り返したのかは依然として謎だった。

## 問題その3・混濁流はどのように機能したのか

科学のまったく異なる分野から、重要なことがいくつか発見された。一九三六年にフーバーダムが竣工し、一九三〇年代後半にミード湖が満水になり始めた頃、技術者たちはコロラド川から流れ出てダム

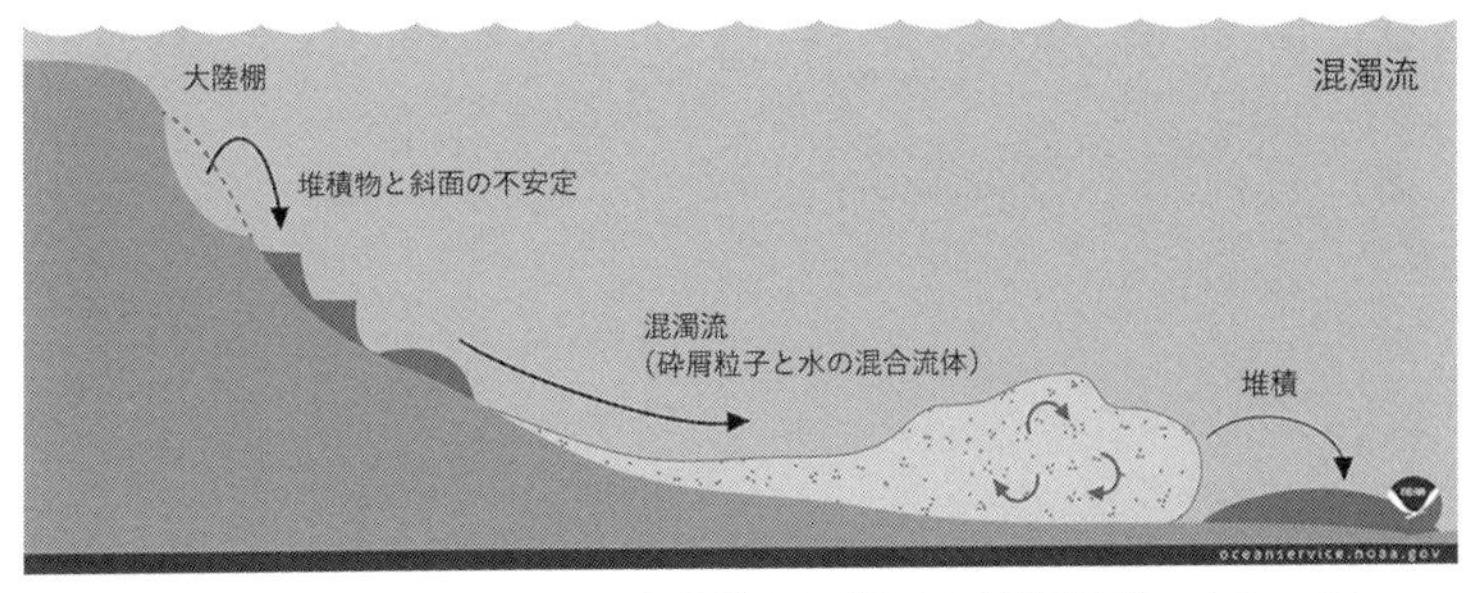


▲図 15.3　級化構造形成の原因である混濁流とよばれる大規模重力流のメカニズム

湖の最上流部に集積している砂のすべてがそこにとどまっているわけではないことに気づいて驚いた。彼らはダム湖最上流部のずっと下流から試料を採集し、ダム湖の静穏な水底を横切り、時には何百キロメートルもの距離を移動して流れこんだ厚い砂層を見つけた。技術者たちは、ダム湖底を移動する堆積物の流れの速度が毎秒三〇センチメートルであることを実際に計測した。この流れる砂の堆積物は水よりも密度が大きく（砂の堆積物は一・〇五g／cm³、澄んだ水は一・〇g／cm³）、また厚さ二メートルに及ぶ級化構造をもった砂層を形成していた。一九三六年、デーリーという地質学者が、ミード湖の湖底で発見された重力流（現在は混濁流とよばれる）が運搬した砂層が他の地域で見つかっていた級化層を説明できるかもしれないと述べたが、このアイデアを確証する実験データはなかった。

　地質学者が必要としたのは、海底地すべりまたは混濁流がどのように機能したのかを正確に示すシミュレーションと実験だった。この難題に踏みこんでいったのは、フローニンゲン大学のフィリップ・キューネンという進取の気性に富んだオランダ人地質学者だった。第二次世界大戦前、一九二九〜一九三〇年に、彼はオランダ領東インド諸島に向かう調査船スネリウス号に乗船して海洋調査を行

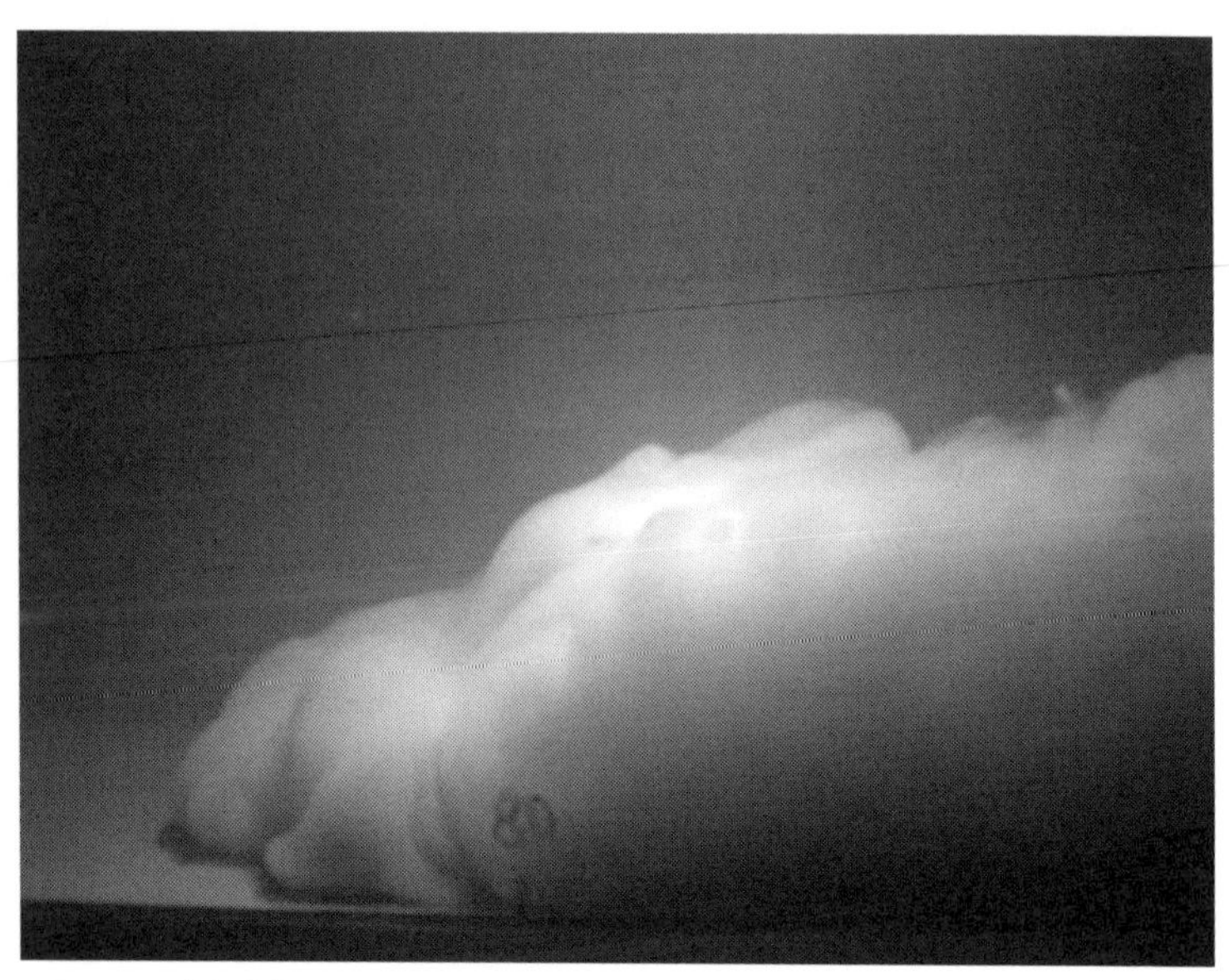

**▲図 15.4** 自然状態で発生した水中混濁流
澄んだ水の下を流れる懸濁物質からなる高密度の渦流。混濁流は澄んだ水とはまじり合わず両者は分離したままであり、境界は明瞭

っていた。その航海で、スネリウス号はキューネンが一九三七年に論文で公表した大陸棚を削りこむ巨大な海底谷を発見した。調査船は深海からドレッジ〔訳註：船上から採集用容器を引きずって、海底の堆積物や岩石を採集すること〕した砂や深海底で形成された級化層のように見える堆積物の海底コア試料を採集した。これらのデータにもとづいて、キューネンは重力で運動する流れ（とくに海底地すべり）が海底谷を侵食し、級化した砂岩を堆積させたと推論する論文を一九三八年に公表した（図15・3）。

第二次世界大戦が終わると、キューネンは自分の推論を検証することにした。彼は幅約三〇センチメートル、長さ数メートルの細長い水路を実験室に設置し、水を満たした。水路は側面がガラス製だったので、内部の状態が透けて見え、どの場所からでも流れの動きを観察することができた。水路には一方の端にわずかな傾斜をもたせたが、水流はなかった。要するにこの水路は非常に長い、しかし浅くて幅が狭い生け簀のようなものだった。そしてキューネンは、砂と泥の混合物を水路の一方の端に投入し、それが重力のみで水路を流れ下るところを観察した。

最初に水路に投入したとき、それは湧き上がって渦を巻く、大きな砂と泥の懸濁物だった。しかしすぐに乱流〔訳註：ほとんどの天然の流体にみられ、上下に渦を巻いた流線が特徴的な流れ〕となり、密度の差によって懸濁物はその上の澄んだ水の層から分離され、互いに混じり合うことがない別の水塊になって、すぐに懸濁物は水路の底をしみ出すように下に向かって流れ出した（図15・4）。キューネンの実験結果は一九五〇年、イタリアの地質学者C・I・ミグリオリーニと共同で論文に発表され、一九五一年にはキューネン単独で発表された。さっそく地質学者は世界中の混濁流堆積物（タービダイト）を調査し、その結果、太古代の謎の級化層が理解され始めたのだ。

## 謎が解けた！

混濁流モデルは、ドレッジと深海掘削で得られた試料、過去の級化層の露頭から得られた試料、そしてキューネンの実験から提案された。しかし混濁流は非常に深い海底（約一六〇〇メートル以上の深さ）で発生するため、誰もその発生をリアルタイムで観察することはできなかった。

その後、コロンビア大学のラモント・ドハティ地球観測所（旧ラモント・ドハティ地質研究所）にいた海洋学者ブルース・ヒーゼンはひらめきを得た（一九七七年にブルースが潜水艇で調査中に心臓発作で死亡する前の一九七〇年代後半、私がラモント・ドハティ地球観測所とコロンビア大学に在籍していた頃、ブルースと、全世界の海底地形図を作成した彼のパートナー、マリー・サープと面識があった）。ブルースはグランドバンクスの海底から得たデータについて研究していた。そのとき彼は一九二九年のグランドバンクス地震の報告書を見て、どのようにして一二本の別々の大西洋横断海底ケーブルが突然に切断され、大西洋を横断する電話・電信回線が不通になってしまったのかという疑問に行きあたったのだ。

電話・電信の送信サービスが不通になった時刻が正確にわかっていたので、ていねいに見ると、それぞれのケーブルがいつ切断されたのかを正確に知ることができた。そこで彼はそれぞれのケーブルがいつ切断されたのか、そして切断部分がグランドバンクスまたは大陸縁膨（大陸斜面の基部にあって、緩やかに傾斜している部分）から深海底までのどの位置にあったのかを図にプロットした。案の定、ケーブルが切断された時刻と位置は連続的な関係にあった。ケーブルの最初の切断は大陸棚の最上部近くで発生し、それに続いて発生した各ケーブルの切断は大陸斜面の下部から深海底へ順に並んでいた。一二本の海底ケーブルは、地震が引き金となって発生した強大な砂質の混濁流が浅海域から怒濤のように流れ下ったとき、順序通り切断され、偶発的に導火線のようにふるまったのだろうか？　必要なのは、地震発生からケーブルが切断されるまでの時間と震源地からの距離を計算し、図中にプロットすることだ

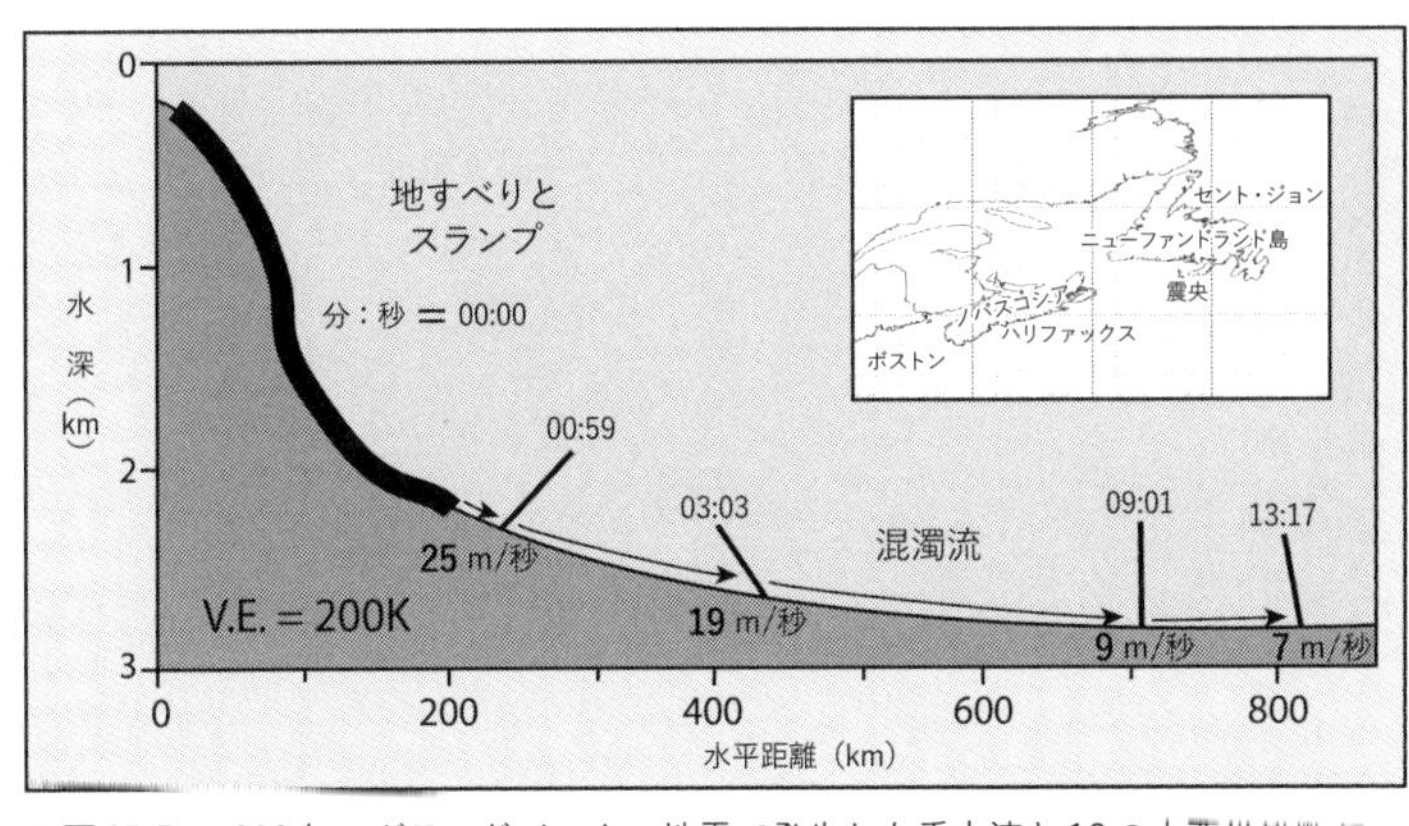


▲図 15.5　1929 年のグランドバンクス地震で発生した重力流と 12 の大西洋横断ケーブルが切断されたときの速度を示したグラフ〔V.E.：垂直方向の誇張、K：1000〕

けだった（図15・5）。

案の定、それらのプロットはなめらかな曲線になり、曲線の傾斜は浅海の大陸棚から深海に向かって六〇〇キロメートルを流れ下ったときのいろいろな位置での海底地すべりの移動速度を表していた。地形勾配が一番大きい曲線の最上部では、海底地すべりは毎秒二五メートルで移動していた。勾配が徐々に緩やかになる深海では流れが減速して流速が毎秒九メートルに落ち、その後、毎秒七メートルの流速になった。重力による移動には膨大な運動量があり、平坦な海洋底を何キロメートルも移動することができたので、海底地すべりは、海底に地形勾配がなくなったあともさらに数時間以上、ほぼ同じ速度で運動し続けていた。

一九五二年、ヒーゼンは地質学におけるこの驚くべき自然状態での実験について論文を書き、上司のラモント・ドハティ地質研究所の創設者モーリス・〝ドク〟・ユーイングと共同で発表した。最後に、二五億年以上前に形成された太古代の謎に満ちた級化層の謎が、オランダの決然とした実験科学者による実験——そしてきわめて危険な地震の発生によって自然がもたらした偶発的な実験によってついに解決されたのだった。科学はときには驚くべき、そして神秘的な方法で謎を解くことがある。

第16章

# ダイアミクタイト
## 熱帯の氷床とスノーボール・アース

宇宙のスノーボール理論のことを私は考えている。今から数百万年後、太陽は燃えつき、引力を失うだろう。地球は巨大な雪だるまになり、宇宙に投げ出されるだろう。そうなったとしても、この男をアウトにすれば何も問題はない。

――メジャーリーグ投手　ビル・リー

### オーストラリアの地層の謎

オーストラリアで地質学の研究をすることは、神の恵みであると同時に冒険でもある。有利な点はこの大陸の大半が乾燥した砂漠または灌木地帯なので、むき出しになった岩石の露頭がたくさんあることだ。初期のイギリスの地質学者（第4〜7章）やその後の時代の地質学者を困らせた、あらゆるところに植物が繁茂している、より多湿な世界の多くの地域とは違って、オーストラリアにはほとんど植生がない。化石を発見するのに適した地層の露出に恵まれた唯一の場所なので、私は研究の時間のほとんどを砂漠と荒れ地で費やしてきた。不利な点はオーストラリアが広大で安定した大陸地殻のブロックであるため、堆積盆地を沈降させ、岩石を削剥する大規模な大陸衝突や造山運動が比較的少なく、二億五〇〇〇万前以後は何も起こらなかったことだ。オーストラリアの大部分では堆積物が非常に薄く、不連続で、そのため世界の他の多くの地域とは違って長い時間の連続した地層や化石の記録の研究に向いていない。

地質記録には、すでに失われてしまったか、ほぼ失われている部分もある。しかしオーストラリアには先カンブリア紀の大半の期間の堆積物（第13章のストロマトライト、第14章の縞状鉄鉱層）、とくにこの章のテーマである先カンブリア紀後半の厚い連続堆積層がみられる。古生代の地層の多くは比較的薄く、多くの他の大陸に比べて化石に乏しい。オーストラリアの中生代の記録には見るべきものがいくつかあるものの、南・北アメリカ、ユーラシア、アフリカのような、化石に富み、恐竜化石を産する地層はない。新生代には地殻変動はほぼ完全になくなり、そのため哺乳類化石を産する地層はごく少なく、新生代の化石記録は比較的貧弱だ。この傾向の例外には、クイーンズランド州の中新世のリバースレイにみられるような、ほとんどが石灰洞窟に転落した哺乳動物と他の陸生動物の化石でできている珍しい堆積物があげられる。

とは言いながら、オーストラリアの地質学者はもてる力の最善をつくした。フリンダース山地の先カンブリア紀後半の軟体部のみの生物の化石や、ゴーゴー層の信じられないほど見事に保存されたデボン紀の魚類化石と同様に、先カンブリア紀の縞状鉄鉱層も多くの研究者によって徹底的に研究された。

その地質学者の一人が有名な探検家でもあった伝説的なダグラス・モーソン卿（一八八二―一九五八）

だった（図16・1）。モーソンはメラネシア地域、続いてニュー・サウス・ウェールズ州での地質図作成作業から地質学者としての道を歩み始めたが、一九〇七年アーネスト・シャクルトン卿の南極探検隊に加わり、他の探検隊員ほぼ全員が帰国した後も南極でさらに二年間滞在した。モーソンは南極大陸で二番目に高い火山、エレバス山（標高三七九四メートル）に登頂した最初の人だった。また彼は南磁極に到達した最初の一人でもあった。幸運な運命のいたずらで、モーソンは不運な結末に終わったロバート・ファルコン・スコットの一九一〇年の南極探検隊に参加する機会を断った。スコットの探検隊は、ノルウェーのロアール・アムンセンが最初に南極点に到達した後で目的地に達したにすぎず、しかもその帰途、隊員たちは全員死亡した。

一方、一九一一年モーソンは彼自身のオーストラリア南極探検隊を率いて、東南極の大部分で地質図を作成し、調査を行った。数々の新発見にもかかわらず、状況が悪化して、隊員のほぼ全員がベースキャンプに帰る途中で死亡してしまった。隊員たちの死後、モーソンとただ一人残った仲間、ザビエル・メルツはそりを引いていた犬をすべて食いつくした。彼らはふたりとも、犬の肝臓の摂食過多からくるビタミンA過剰症にかかり、メルツは死亡した。モーソンはたった一人で氷点下の中を何キロメートルも徒歩で進み、クレバスに落ちて、そりの引き綱でクレバスの底に吊り下げられてしまった。最終的には一篇の詩に触発されて、何とか自分の体を引っ張り上げることができた。だが、状況はますます悪化し、両足の裏がひどい凍傷に侵され、足の裏の皮膚が剝がれ落ちてしまった。その後、彼がベースキャンプに帰還する数時間前に救助船が出航してしまった。救助船は無線で呼び戻されたが、悪天候で数日間引き返して来れなかった。最終的に救出されるまで、ほぼ三年間モーソンは南極に閉じこめられていたこ

**▲◀図 16.1**
ダグラス・モーソン
A：1912 年、南極をめざすオーストラリア南極探検の初期、そりに腰かけて休憩する
B：探検行の唯一の生存者として帰還した直後、凍傷と栄養失調に苦しむ、ヒゲをたくわえたモーソン

とになる。この体験談はデイビット・ロバーツの著作、『氷上の孤独――探検史上最大の生還記録 *Alone on the Ice: The Greatest Survival Story in the History of Exploration*』に書かれている。モーソンの自著、『暴風雪の中で *Home of the Blizzard*』では、デニソン岬の時速三二〇キロメートルに達する突風を伴う、平均時速一〇〇キロメートルの氷点下の暴風雪の中での生存体験など、その過酷な経験のすべてを回想している。

この悲惨な経験から回復したあと、モーソンはのちに、スコットの不運な探検隊員の凍結した遺体とその日誌の回収を手伝った。彼は第一次世界大戦ではイギリス陸軍に従軍し、その後一九一九年オーストラリアに戻り、一九五二年に退職するまでアデレード大学で地質学の教授を務めた。彼は研究生活のほとんどをオーストラリアでの地質図作成作業と地質研究、とくに先カンブリア紀の地層と、エディアカラ生物群として知られる奇妙な生物の最古の大型体化石を産出することで今では有名になったオーストラリア南部のフリンダース山地の地質研究に費やした。

しかし南極探検はなおも彼の血の中にあった。そして一九二九〜一九三一年、モーソンは南極でのオーストラリアの領有権の主張をもたらしたイギリス系オーストラリア人とニュージーランド人の合同南極探検隊を率いた。モーソンは一九五八年、凍りついた荒れ地ではなく、老衰で静かに七六歳で世を去った。モーソンは非常に有名で、オーストラリア最高の探検家そして科学者の一人として尊敬を集めていたので、オーストラリアの一〇〇ドル紙幣に登場しているし、オーストラリアと南極の多くのランドマークにその名前が刻まれている。

モーソンが南極大陸での長年の経験を通じて氷床と氷成堆積物に精通していたことは幸運だった。フ

▲**図16.2**　オーストラリアのエラティナ・ダイアミクタイトの先カンブリア紀後期の礫を含む氷成堆積物

リンダース山地やオーストラリア南部のいろいろな場所の後期先カンブリア紀層で、モーソンは氷成堆積物の厚い地層を発見した（図16・2）。氷成堆積物（ティル）とは、ある場所で氷河が溶けるときにその先端で乱雑に集積した巨礫、小礫、砂、泥の淘汰されていない非層状、塊状の堆積物のことである。

この堆積物はたいへん特徴的で、他のどのような作用によってもこれに似た堆積物は形成されないので、過去の氷河作用を地層記録から読み取ることができるのだ。しかし多くの地質学者は、氷成堆積物起源だと直接表現することなく「ダイアミクタイト」（ギリシャ語で「完全にまじり合った」という意味）、またはこの組織をもった堆積物を記載する曖昧な方法として「ティロイド」（氷成堆積物もどき）という言葉を好んで用いる。

一九三四年のオスカー・クーリング、ワル

ター・ハウチンの研究成果に続いて、最終的にモーソンは、オーストラリアの地質時代の氷成堆積物の分布が現在の赤道からそれほど隔たってはいなかったので、これが先カンブリア紀後期の全球的な氷床形成の証拠だと確信した。しかし一九五〇年代後半から一九六〇年初頭、プレートテクトニクスによってオーストラリアと他の大陸が長期間に長距離を移動したことが明らかになったので、地質学者はモーソンの主張を忘れ始めた。もしかすると、オーストラリアの先カンブリア紀の氷成堆積物は、オーストラリア大陸が南極にもっと近かったときから存在していたのかもしれなかった。皮肉なことに、今では、当時オーストラリアがまさしく赤道上にあって、モーソンが考えていた以上に熱帯的だったことをわれわれは知っており、モーソンの示した証拠は人びとが考えていたよりも強力なものだった。

## 氷成堆積物と石灰岩の互層

しかし、先カンブリア紀後期の全球的な氷床形成の考えはなくならなかった。一九六四年にケンブリッジの地質学者W・ブライアン・ハーランド（一九一七―二〇〇三）は、熱帯域での先カンブリア紀後期の氷成堆積物がオーストラリアに限ってみられるのではないことを明らかにした有名な論文を発表した。モーソンと同じく、ハーランドも牛涯にわたって長い年月を北極で送ってきたので、氷河や氷床に直接慣れ親しんでいたのだ。彼はケンブリッジ大学北極大陸棚研究プロジェクトを立ち上げた。ハーランドは一九三八年から一九六〇年代にかけて、四三回にわたる北極での素晴らしい野外調査に参加し（うち二九回は彼が率いた）、ノルウェーとグリーンランドの間にある島々のスバールバル（スピッツベルゲン）諸島で地質図作成作業を行った。そこで彼はスバールバル諸島だけではなく、グリーンランドやノルウェーでも、最近溶けた氷河の堆積物に限らず、先カンブリア紀後期の氷成堆積物も数多く観察した。

やがて、ハーランドは氷河の存在を示す証拠に勝るものを見出した。彼は先カンブリア紀後期の氷成堆積物の多くが石灰岩層に挟まれていることを指摘した。現在では石灰岩は、バハマ、フロリダ、ユカタン半島、ペルシャ湾、南太平洋などの熱帯または亜熱帯地域の浅海域でのみ形成されるので、この指摘はいっそう驚くべきことだった。もしこの氷成堆積物と石灰岩の互層が現在の過程で形成されるとすると、石灰岩に狭まれた氷成堆積物が、熱帯域で、しかも海面の高さで形成されなければならない。現在、熱帯域で氷河が存在する場所はいくつかあるが、ケニアのキリマンジャロ山、ペルーのアンデス山脈の頂上など、それらの氷河は高い山岳地帯にある。海面近くの熱帯域に氷河を想定するのは不可能のように思える。しかし、ハーランドの証拠を避けて通ることはできなかった。もし熱帯域で氷床が形成されたのなら、極域も当然、寒冷だっただろうし、そうなれば先カンブリア紀後半には地球全部が氷床や氷河でおおわれていたことになる。

さらにハーランドは新しい証拠を使って彼の結論を補強した。それは古地磁気だ。彼は、岩石が形成されたあとに岩石に封じこめられている過去の帯磁方向を最初に測定した一人だった。これによって岩石が形成された緯度がわかる。スバールバル諸島、グリーンランド、ノルウェーの岩石の帯磁方向から、すべての地域が先カンブリア紀には熱帯域ないし亜熱帯域にあったことが示されたのだ。つまり、石灰岩－氷成堆積物－石灰岩の互層は何かの偶然ではなかったのだ。当時オーストラリアの古地磁気データは精度がよくなかったが、その後の解析からは、モーソンが主張した先カンブリア紀の氷成堆積物・石灰岩互層はまさに赤道上で形成されたことが明らかにされた。もし熱帯域の海面上の氷床形成についてのまぎれのない証拠があれば、明らかに何かとんでもないことが起きていたに違いないことになる。

## 雪だるま、現れる

一九六〇年代から一九七〇年代では、地球が赤道まですべて凍結していたとは想像もできなかったので、多くの地質学者はモーソンとハーランドのデータと主張に対して何をすべきかわからなかった。証拠があるにもかかわらず、古地磁気データが信頼に足るものかどうか地質学者は確信をもてなかったので、彼らの結論を否定する傾向にあった。さらに、地球全体が凍結するのではなく、個々の地域が石灰岩から氷成堆積物に移行したのかもしれないという、それほど極端ではないシナリオなら描くことができた。しかし、最大の問題は地球がどのようにして完全に凍結したのかを想像することだった。温暖な熱帯の石灰岩の世界から熱帯でありながら氷床が形成される世界へ、そして再び氷成堆積物から熱帯の石灰岩へと、地球がどのようにして急激に反転することができたのだろうか?

その答えは驚くべきところからやって来た。気候モデリングだ。一九六九年、ロシアの地球物理学者であるレニングラード地球物理観測所のミハイル・ブディコが、一度氷床が成長し始めると、地球全体がいとも簡単に凍結してしまうことを示す論文を発表した。彼はアルベド・フィードバックシステムとしてよく知られている気候効果を指摘した。「アルベド」とは物体表面の反射率を表すちょっと高級な言葉だ。もしあなたがスキーかスノーボードで遊んだことがあればわかるように、雪や氷は射しこんでくる太陽光のほとんどを反射してしまうので、アルベドが高い。雪や氷の上で過ごすときには着色レンズでまぶしい光を弱める濃い色の高級なゴーグルを使うのはこのためだ。対照的に、濃い色の表面（森林や海）は太陽光をより多く吸収し、ほとんど反射しない。

アルベド・フィードバックシステムはわずかな変化に対してもたいへん敏感で、凍結状態から無氷床状態に、そして再び凍結状態へと急速な変化が生じる。例えば、地球表面が氷でおおわれているとすると、地球のアルベドは大きく、太陽エネルギーの大半が反射されてしまうだろう。しかし地球が少し暖かくなると、氷床が少し溶けて黒っぽい陸地や水面が露出する。これによって太陽光がより吸収されて、熱が発生して氷床の融解がよりいっそう進むのだ。最終的には短時間で氷床を融解させるフィードバックシステムの中でこれらの二つの過程が行ったり来たりしながら進行する。ではここで、黒っぽい陸地や海の表面で本当に寒い冬が少しだけあって、反射率が大きい雪や氷の層が少し長く続くと想像してみよう。氷床でおおわれた面積が増えると、より多くのエネルギーが宇宙に戻っていって、陸地はさらに寒冷になり、次の数年間の冬には積雪量が増加し、氷床も拡大するだろう。あっという間にシステム全体が完全な氷期に逆戻りするのだ。

科学者たちは、アルベドが極域の重要な特徴であり、なぜそれが地球全体の気温のわずかな変化にそれほど鋭敏であるかを説明したが、ブディコはさらに一歩先を進んでいた。彼が「氷床の突然崩壊」とよんだものの中で、最初に小さくとも氷床が熱帯域か亜熱帯域にあれば、フィードバックシステムの働きが最高潮に達して地球全体が急速に凍結に向かいうるだろうということを示した。このモデルの唯一のジレンマは、いったん地球全体が凍結してアルベドがたいへん高くなって、エネルギーの大半が反射されて宇宙に戻ってしまったら、どうやって地球を融解させるのかという問題だった。完全に凍結し、反射率が大きくなった雪だるまは袋小路に入り、フィードバックシステムの気温上昇メカニズムもこの雪だるまを救い出すことができないのだ。

その解決案がジェームズ・ウォーカー、ポール・ヘイズ、ジェームズ・カスティングによる一九八一年の論文で最初に提案された。彼らは、地表の土壌に含まれるケイ酸塩鉱物の風化が二酸化炭素を吸収できる過程に焦点をあて、ブディコのモデルと、どのようにして極域の氷床が風化のメカニズムを停止させるかについて論文の最終節で述べ、そしてブディコの「氷床の突然崩壊」を導いた。最終節の短い文章で彼らはもうひとつの可能性のあるメカニズムを提案した。火山だ。凍結した他の惑星（火星その他の発見されている多くの惑星）とは違って、地球には多くの火山を活発化させるプレート運動を伴う活動的な地殻がある。火山噴火は大量のガス、とくに二酸化炭素、水蒸気、メタン、二酸化硫黄などのような温室効果ガスを放出する。もし地球が完全に凍結していたら、火山ガスはやがて蓄積されて温室効果によって地球が温暖化するので、ついには氷床は溶解し始めるだろう。そして黒っぽい地表が一度十分に露出してしまうと、アルベド・フィードバックシステムが高速で作動して、凍結した地球から熱帯域に石灰岩が形成されるような無氷床の亜熱帯地球へと、急激に氷床を融解させられるはずだ。

この考えは論文としては、先カンブリア紀後期の氷成堆積物を研究する少数の研究者によって議論されたものの、広く知られたわけではなかった。現在、ニコとマリリン・ヴァン・ウィンゲン夫妻の名を冠したカリフォルニア工科大学の地球生物学の教授職にあるジョー・カーシュビンクの非常に有名な論文によって、この状況は一変した。ジョーは私が出会った中で最も優秀な人物の一人で、通常の人間なら一生をかけて考えるよりもさらに素晴らしいアイデアをたった一週間で考えつくのだ。彼は世界最高の古地磁気学者の一人であり、加えて地質学と生物学の境界領域にある磁性細菌と蝶、人間の生体磁気、磁性化石、生体鉱物生成作用から、カンブリア紀の生物の爆発的進化、気候変動、地球化学モデル構築、磁極移動、そして過去の大陸配置の復元にまで及ぶあらゆる課題を研究している。

加えて、自分の実験設備の設計、製作、維持管理までを行うほか、自身のコンピュータープログラムを書く。さらにカリフォルニア工科大学の優秀な学生を境界領域の問題に駆り立て、学生に刺激を与える、博識でずば抜けて優れた教師でもある。カリフォルニア工科大学での教育に対してファインマン賞〔訳註：ノーベル物理学賞を受賞したアメリカの理論物理学者リチャード・P・ファインマンを記念した賞〕を、またアメリカ地球物理学連合から古地磁気学の分野でウィリアム・ギルバート賞を受賞しているし、彼にちなんで名前がつけられた小惑星さえある。

一九八九年、ジョーは地球全体が凍結している雪だるま状態から地球がどのようにして脱出するのかという問題に集中して取り組み、ウォーカーとカスティングが提案した解決案を見直した。彼らはみんな、私の親友であるカリフォルニア大学ロサンゼルス校のビル・ショフが主宰する先カンブリア紀古生物研究グループ（ＰＰＲＧ）のメンバーだった。彼らは一九八九年に大規模なＰＰＲＧの研究集会を開催した。その場でジョーは全球凍結状態からの脱出に対する火山活動にもとづく解決案を復活させただけではなく、モーソンが述べた現実に存在するオーストラリアのエラティィナ層から得られた事実〔図

16・2）についても指摘したのだ。最も重要な点は、人を惹きつけ、覚えやすい、「スノーボール・アース」〔訳註：雪玉地球〕という言葉を新しくつくったこと、そしてこの言葉によって土壌の風化から、火山活動と凍結した地球に議論のポイントを動かしたことだった。

ジョーは自由に使える世界最高レベルの古地磁気実験室をもっているので、原生代の氷成堆積物・石灰岩互層の古緯度を新しく測定し、それらの大半（とくにモーソンが調べたオーストラリアのエラティナ層）が熱帯域から亜熱帯域での堆積物であることを明らかにした。その後、ジョーは一九八九年のPPRGの研究集会後に出版された先カンブリア紀の生命に関する高額な分厚い論文集の中の短い論文としてこの考えを発表した。延び延びになったが一九九二年にこの論文集はようやく刊行され（それは非常に高額だったので、ほとんどの人はそれを買わなかったし、読まなかった）、ジョーは別の研究を続けていた。たいていの人はこのような画期的な論文なら「ネイチャー」か「サイエンス」で公表しようと考えるだろうが、ジョーは栄誉を必要としなかった。彼はいつも非常に多くの仮説を抱えているので、その一つひとつの仮説を進展させるのに長い時間をかける必要はなかった。スノーボール・アースの仮説は、これを機能させる明確なメカニズムとともに公式に命名され、提案された。この考えはすぐに他の地質学者の間に広まっていった。

## スノーボール、成長開始

ハーバード大学の地質学者、ポール・ホフマンは首都ワシントンでの一九八九年の万国地質学会でカーシュビンクに出会い、スノーボール・アース仮説について学んだ（私もその学会に出席していたが、別の研究課題に集中していた）。一九九三年、ナミビアで先カンブリア紀後期の氷成堆積物の研究を始めたとき、ホフマンはスノーボール・アース仮説の重要性を実感し、ナミビアの氷成堆積物が彼の研究の重要な位置を占め始めると、一九九七年には本腰を入れてその研究を進めることにした。

ホフマンは長身痩軀、ヒゲをたくわえ、頑強で、北極圏カナダやナミビアやオーストラリアの砂漠で露頭を探しながらトレッキングすることにたくさんの時間を費やすのが好きな野外地質学者だ。そして熱心なクロスカントリーのランナーで、ハイキングが好きなのである。ホフマンは、カナダの太古代の前駆的な地塊を構成する初期大陸の地質図作成にかなりの研究時間をつぎこんでいたので、カナダの原生代の地層・岩石中の氷成堆積物・石灰岩互層のいろいろな事例をよく知っていた。それらは後に集合して、そのまわりに北アメリカ大陸が成長したときに中核となった原生代の大陸塊だった。ホフマンは地球化学的な手法をもったたくさんの優れた共同研究者を募り（ダン・シュラーグのような）、彼らはすぐにスノーボール・アースを熱く語り合う地質学者のグループを結成した。

ホフマン、シュラーグ、その他の地質学者は、アフリカ南西部、現在のナミビアの砂漠の見事な露頭にみられる氷成堆積物・石灰岩互層を研究した（図16・3）。そこでは氷成堆積物の上に重なる石灰岩が

▲**図 16.3**　氷成堆積物とそれに重なる「キャップ・カーボネート」の境界を指さしている。ナミビア、オタビの礫に富んだ厚い氷成堆積物からなるガーブ層の上に立つ地質学者、ダン・シュラーグ（左）とポール・ホフマン

とくに厚く、よく発達していた。そして彼らはいくつかの特徴的な地球化学的、鉱物学的な性質を明らかにした。

ホフマンとシュラーグは、氷成堆積物の上に重なるこれらの「キャップ・カーボネート」とは、溶解した炭酸塩〔訳註：炭酸イオン$CO_3^{2-}$を含む化合物の総称〕で飽和していた海水が氷床の拘束から解放されたときに起きた炭酸塩の無機的沈殿物だと提案した。これらの炭酸塩岩は今日形成されている生物的な作用によって堆積する通常の石灰岩〔訳註：生物源の炭酸カルシウム$CaCO_3$を主とする堆積岩〕とは明らかに異なる。現在の石灰岩は石灰藻（せっかいそう）に加えて、サンゴ、軟体動物、その他の海生生物の骨格で大半が構成されている。

もうひとつの暗示的な事実は、原生代後期の全球凍結状態のピーク時に縞状鉄鉱層が短期間ながら再出現したことだ。もし地球が完全に凍結していれば、氷床が海洋をふさいで海水を無酸素状態にし、海水に溶解している炭酸〔訳註：$H_2CO_3$ 水に二酸化炭素を溶解させることで生成〕で海洋が飽和してしまうことによって海洋は強酸性化するので（温室効果ガスのせいで現在の海洋でも進行中であるように）、カーシュビンクはこれは意味あることだろうと指摘していた。河川（この場合は完全に凍結中）によって運搬される堆積物からの供給がなければ、海洋への硫酸塩の流入が停止し、この結果、この酸性で、しかも低酸素・低硫黄の海水中に溶存鉄が大量に含まれることになる。このような条件の下であれば、三七億～一七億年前に起きたように、鉄が海底に沈殿する可能性がある。

スノーボール・アース（全球凍結）仮説の主要部分は次のように進行する。何かが原因となって、地球には劇的な寒冷化が始まり、巨大氷床の形成に至る。そのときには、炭素循環をコントロールし、大気に二酸化炭素を送り続ける（現在の地球に生息するような）多くの複雑な生物は存在せず（第6章参照）、地球ではアルベド・フィードバックシステムの暴走が始まり、そしてついには両極から赤道まですべてが凍結してしまうだろう。いったん全球が凍結してしまうと、ちょうど火星にはかつて海洋や河川があり、地表には液体の水があったが、その後、現在では水が完全に凍結してしまっているように、地球は数百万年にわたって全球が凍結した状態から脱出できなかっただろう。海洋循環は停止し、縞状鉄鉱層が無酸素状態の海底で堆積し〔訳註：第14章参照〕、またメタンハイドレートとして知られる、海底堆積物中の網状の結晶構造をもった氷分子のかご状構造物中に大量の炭素が閉じこめられるだろう。もし他に何も起こらなければ、地球は凍結したままで、われわれはここには存在しなかっただろう。

火星や他の惑星とは違って、地球にはプレートテクトニクスと、長期間にわたって温室効果ガスを放

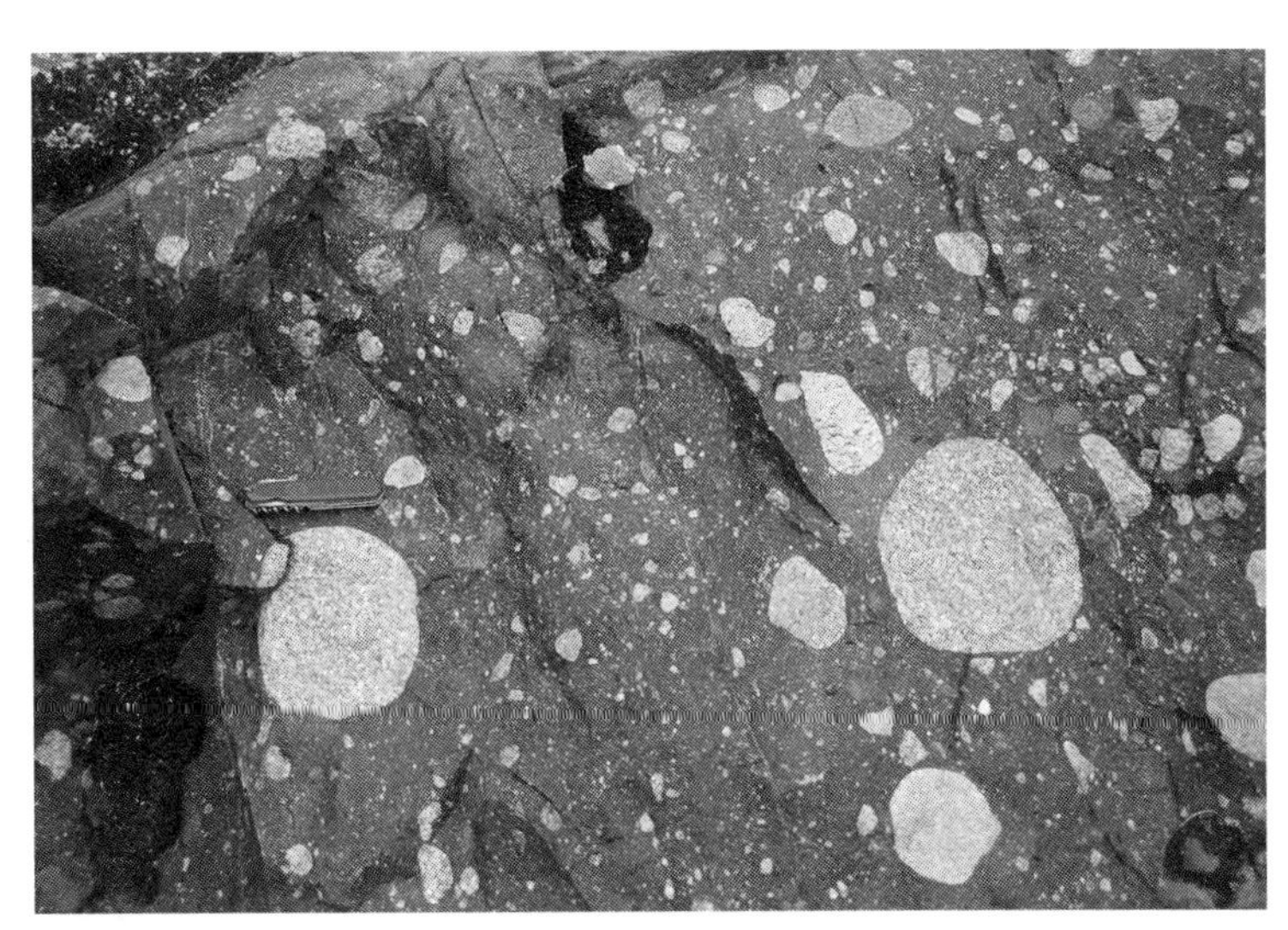

▲**図 16.4**　カナダ、ヒューロン湖付近の原生代前期（ヒューロニアン氷期）のゴウガンダ層中の氷成堆積物
この堆積物は約 21 億年前に発生した初期の全球凍結イベントを表している

出して、やがては地球を温める火山が存在する。一度火山活動が起きると、もうひとつのアルベド・フィードバックシステムにスイッチが入って、完全に消滅するまで氷床は急激に融解してしまうのだ。

海底のメタンハイドレートに閉じこめられていた炭素は莫大な量のメタンを放出し、地球の温暖化はいっそう加速する。地球化学的に海洋はきわめて溶存炭酸塩に富んでいたので、海中では大量のカルサイトが海水から直接に沈殿して、キャップ・カーボネートが形成されたのだ。最終的には熱帯域は暖かく、極域はより寒くなって、地球は再び安定に向かったのだった。

さらに研究が進むと、全球凍結は原生代後期に別々に少なくとも二〜三回発生し、ヒューロニアン氷期として知られている原生代前期（約二〇億年前）にも一回起きていたことが明らかになった（図16・4）。ヒューロニアン氷期の全球凍結はヒューロン湖岸の有名なゴウガンダ氷成堆積物層の研究によるもので、全球凍結状態が一回限りではなく、条件さえ揃えば複数回にわたって発生しうることを明らかにした。

## 全球凍結か部分凍結か？

すべての科学者と同様に、地質学者は新しい仮説、とくに常識的な考えを超越する仮説に対しては当然ながら懐疑的だ。過去二五年以上にわたって、全球凍結モデルはどんどんデータを積み重ねてきたので、ほとんどの地質学者のグループには選択の余地はなく、全球凍結のようなことが少なくとも三回か四回は発生したに違いないという明確な結論を受け入れるほかはなかった。

それでも反対者はいる。多くの地質学者は、原生代後期には赤道域の海水面の高さに氷床が存在したことは認めるが、熱帯域全体が氷結して、地球が凍結した雪だるま状態だったことまでは受け入れないのだ。彼らは「スラッシュボール」〔訳註：部分凍結して泥でぬかるんだ状態の地球〕とニックネームがつけられた、ややトーンを抑えた仮説を好んだ。この仮説では、赤道域には氷床がいくらかは存在したが（データからそう考えざるをえなかった）、熱帯域の大半は寒冷ではあったが氷床は存在しないと考えられている。彼らは、氷の中ではなく、水中でのみ形成されうる堆積物が存在する地質学的証拠を指摘している。しかし、カーシュビンクの最初の仮説では熱帯域にも無氷床地帯の存在を認めているので、この考えは斬新なものではない。

また多くの地質学者は、最終の氷期（下巻第25章）でも起きたように、氷期－間氷期サイクルの急速な変動があったという事実を知っているので、全球凍結イベントにも氷成堆積物と、流水下や凍結していない海洋で形成された堆積物の両方が存在する可能性を受け入れることができる。最も重要なことは、原生代最末期での個々の全球凍結イベントの年代測定の結果から、それぞれのイベントが全地球で同時に発生しており、また極域から赤道域に向かって同時に進行していたことが明らかにされていることだ。スラッシュボール仮説では二酸化炭素濃度の上昇につれて氷床分布限界線が後退することになるが、氷床分布の移動は原生代後期のスノーボール仮説ではみられないので、これはスラッシュボール仮説よりももっと極端な全球凍結を支持するものだ。

スノーボール仮説のもうひとつの影響は、原生代後期の急速な凍結現象がどうやら生命の大転換をもたらしたらしいことである。全球凍結よりも前では、海成堆積物中に真核藻類（アクリタークスといわれる）の胞子の化石が大量に発見されている。全球凍結状態の終了後には、アクリタークスの多様性がほとんどなくなっているので、どうやらアクリタークスは大量絶滅を経験したようである。その代わり、原生代の最末期になると、多くの多細胞生物などもっと複雑な形態をもった生物が地球上に出現している証拠を目の当たりにする。原生代末期になると、最初の大型多細胞生物が地球のあちこちに出現する。エディアカラ生物群として知られる生物は、モーソンが研究したオーストラリアのフリンダース山地からレッグ・スプリッグによって最初に発見され、古生物学者、マーチン・グレッスナーによって最初に記載された。いったんこうした生物が繁栄すると、多細胞生物（例えば三葉虫）の多様化が急速に進んだ。これには「カンブリア爆発」という誤解を招く名前が与えられているが、最初のエディアカラ生物群から最古の三葉虫の出現までに七〇〇〇万年もかかっているので、むしろ「カンブリア紀のゆっくり燃える導火線」というものに近い。

　みんながいちばん納得するのは、エディアカラ生物群から産する奇妙なクラゲ状の印象化石のひとつが、フリンダース山地でのその地質図作成作業がエディアカラ生物群に脚光を浴びせた二人の研究者の名前にちなんで、モーソナイテス・スプリッグアイと命名されていることだ。

図 10.6　Courtesy of the Caltech Archive
図 11.1　Courtesy of NASA
図 11.2　Courtesy of Wikimedia Commons
図 11.3　Courtesy of Wikimedia Commons
図 11.4　Courtesy of NASA
図 11.5　Courtesy of NASA
図 12.1　Courtesy of Wikimedia Commons
図 12.2　Courtesy of Wikimedia Commons
図 12.3　Courtesy of Wikimedia Commons
図 12.4　Courtesy of J. Valley
図 13.1　A・B：Photo courtesy of J. W. Schopf
図 13.2　Photo by the author
図 13.3　Courtesy of Wikimedia Commons
図 13.4　Drawing by Carl Buell
図 14.1　Courtesy of Wikimedia Commons
図 14.2　Courtesy of Wikimedia Commons
図 14.3　Courtesy of Wikimedia Commons
図 14.4　Courtesy of Wikimedia Commons
図 15.1　Courtesy of Wikimedia Commons
図 15.2　A：Courtesy of Karl Wirth、B：Courtesy of Wikimedia Commons
図 15.3　Courtesy of NOAA
図 15.4　Courtesy of Wikimedia Commons
図 15.5　Redrawn from several sources
図 16.1　A・B：Courtesy of Wikimedia Commons
図 16.2　Courtesy of Paul Hoffman
図 16.3　Courtesy of Paul Hoffman
図 16.4　Courtesy of Wikimedia Commons

# 図版クレジット

図 1.1　Courtesy of Wikimedia Commons
図 1.2　Courtesy of Wikimedia Commons
図 1.3　Courtesy of Wikimedia Commons
図 2.1　A・B：Courtesy of Wikimedia Commons
図 2.2　Courtesy of Wikimedia Commons
図 2.3　A：Photo by the author、B：Courtesy of Wikimedia Commons
図 2.4　Courtesy of Wikimedia Commons
図 2.5　Redrawn from several sources
図 2.6　Courtesy of Wikimedia Commons
図 3.1　Courtesy of Wikimedia Commons
図 3.2　Courtesy of Wikimedia Commons
図 3.3　Photo by the author
図 3.4　Courtesy of Wikimedia Commons
図 3.5　Photo by the author
図 4.1　Courtesy of Wikimedia Commons
図 4.2　Photo by the author
図 4.3　A・B：Courtesy of Wikimedia Commons
図 5.1　A：Courtesy of British Geological Survey、B：Courtesy of Wikimedia Commons
図 5.2　Courtesy of Wikimedia Commons
図 5.3　A・B：Photo by the author、C：Courtesy of Wikimedia Commons
図 5.4　Courtesy of Wikimedia Commons
図 6.1　Courtesy of Wikimedia Commons
図 6.2　Courtesy of Wikimedia Commons
図 6.3　Courtesy of Wikimedia Commons
図 6.4　Courtesy of Wikimedia Commons
図 6.5　Courtesy of Wikimedia Commons
図 7.1　Courtesy of Wikimedia Commons
図 7.2　A・B：Photos by the author
図 7.3　Redrawn from several sources
図 7.4　A・B：Courtesy of Wikimedia Commons
図 7.5　Courtesy of Wikimedia Commons
図 7.6　A・B：Courtesy of Wikimedia Commons
図 7.7　Courtesy of Wikimedia Commons
図 8.1　Courtesy of Wikimedia Commons
図 8.2　From Arthur Holmes, *Principles of Physical Geology*（London: T. Nelson, 1944）.
図 9.1　Courtesy of Wikimedia Commons
図 9.2　Courtesy of Wikimedia Commons
図 10.1　A・B：Courtesy of Wikimedia Commons
図 10.2　Courtesy of Wikimedia Commons
図 10.3　Courtesy of Wikimedia Commons
図 10.4　A・B：Courtesy of Wikimedia Commons
図 10.5　Photo by the author

## ●第 16 章

Hazen, Robert M. *The Story of the Earth: The First 4.5 Billion Years from Stardust to Living Planet*. New York: Penguin, 2013.

Macdougall, Doug. *Frozen Earth: The Once and Future Story of Ice Ages*. Berkeley: University of California Press, 2013.

Mawson, Douglas. *Home of the Blizzard: A Heroic Tales of Antarctic Exploration and Survival*. New York: Skyhorse, 2013.

Roberts, David. *Alone on the Ice: The Greatest Survival Story in the History of Explorations*. New York: Norton, 2014.

Schopf, J. William. *Cradle of Life: The Discovery of Earth's Earliest Fossils*. Princeton, N.J.: Princeton University Press, 1999.

Schopf, J. W., and Cornelis Klein, eds. *The Proterozoic Biosphere: A Multidisciplinary Study*. Cambridge: Cambridge University Press, 1992.

Shaw, George H. *Earth's Early Atmosphere and Oceans, and the Origin of Life*. Berlin: Springer, 2015.

Walker, Gabrielle. *Snowball Earth: The Story of a Maverick Scientist and His Theory of Global Catastrophe That Spawned Life as We Know It*. New York: Broadway, 2004.

Ward, Peter, and Joe Kirschvink. *A New History of Life: The Radical New Discoveries About the Origin and Evolution of Life on Earth*. New York: Bloomsbury, 2015.

*Young Sun, Early Earth, and the Origins of Life: Lessons for Astrobiology*. Berlin: Springer, 2013.

Hazen, Robert M. *The Story of the Earth: The First 4.5 Billion Years from Stardust to Living Planet*. New York: Penguin, 2013.

Knoll, Andrew H. *Life on a Young Planet: The First Three Billion Years of Evolution on Earth*. Princeton, N.J.: Princeton University Press, 2003.

Schopf, J. William. *Cradle of Life: The Discovery of Earth's Earliest Fossils*. Princeton, N.J.: Princeton University Press, 1999.

Shaw, George H. *Earth's Early Atmosphere and Oceans, and the Origin of Life*. Berlin: Springer, 2015.

Ward, Peter, and Joe Kirschvink. *A New History of Life: The Radical New Discoveries About the Origin and Evolution of Life on Earth*. New York: Bloomsbury, 2015.

## ●第14章

Canfield, Donald E. *Oxygen: A Four Billion Year History*. Princeton, N.J.: Princeton University Press, 2014.

Hazen, Robert M. *The Story of the Earth: The First 4.5 Billion Years from Stardust to Living Planet*. New York: Penguin, 2013.

Knoll, Andrew H. *Life on a Young Planet: The First Three Billion Years of Evolution on Earth*. Princeton, N.J.: Princeton University Press, 2003.

Lane, Nick. *Oxygen: The Molecule That Made the World*. Oxford: Oxford University Press, 2003.

Schopf, J. William. *Cradle of Life: The Discovery of Earth's Earliest Fossils*. Princeton, N.J.: Princeton University Press, 1999.

Shaw, George H. *Earth's Early Atmosphere and Oceans, and the Origin of Life*. Berlin: Springer, 2015.

Ward, Peter, and Joe Kirschvink. *A New History of Life: The Radical New Discoveries About the Origin and Evolution of Life on Earth*. New York: Bloomsbury, 2015.

## ●第15章

Bouma, Arnold. *Turbidites*. Springer, Berlin, 1964.

Bouma, Arnold H., and Aart Brouwer, eds. *Turbidites*. Amsterdam: Elsevier, 1964.

Bouma, Arnold H., William R. Normark, and Neal E. Barnes, eds. *Submarine Fans and Related Turbidite Systems*. Berlin: Springer, 1984.

Bouma, Arnold H., and Charles G. Stone. *Fine-Grained Turbidite Systems*. Tulsa, Okla.: American Association of Petroleum Geologists, 2000.

Pettijohn, F. J. *Memoirs of an Unrepentant Field Geologist: A Candid Profile of Some Geologists and Their Science, 1921–1981*. Chicago: University of Chicago Press, 1984.

Weimer, Paul, and Martin H. Link, eds. *Seismic Facies and Sedimentary Processes of Submarine Fans and Turbidite Systems*. Berlin: Springer, 1991.

Smith, Caroline, Sara Russell, and Gretchen Benedix. *Meteorites*. London: Firefly, 2010.
Zanda, Brigitte, and Monica Rotaru, eds. *Meteorites: Their Impact on Science and History*. Cambridge: Cambridge University Press, 2001.

## ●第11章

Chaikin, Andrew. *A Man on the Moon: The Voyages of the Apollo Astronauts*. New York: Penguin, 2007.
Chambers, John, and Jacqueline Mitton. *From Dust to Life: The Origin and Evolution of Our Solar System*. Princeton, N.J.: Princeton University Press, 2013.
Dalrymple, G. Brent. *Ancient Earth, Ancient Skies: The Age of the Earth and Its Cosmic Surroundings*. Stanford, Calif.: Stanford University Press, 2004.
French, B. M. *Origin of the Moon: NASA's New Data from Old Rocks*. Greenbelt, Md.: NASA Goddard Space Flight Center, 1972.
Gargaud, Muriel, Hervé Martin, Purificacíon López-García, Thierry Montmerle, and Robert Pascal. *Young Sun, Early Earth, and the Origins of Life: Lessons for Astrobiology*. Berlin: Springer, 2013.
Harland, David M. *Moon Manual*. London: Haynes, 2016.
Hartmann, William K. *Origin of the Moon*. Houston: Lunar & Planetary Institute, 1986.
Mutch, Thomas A. *Geology of the Moon: A Stratigraphic View*. Princeton, N.J.: Princeton University Press, 1973.
Reynolds, David West. *Apollo: The Epic Journey to the Moon, 1963–1972*. New York: Zenith, 2013.

## ●第12章

Chambers, John, and Jacqueline Mitton. *From Dust to Life: The Origin and Evolution of Our Solar System*. Princeton, N.J.: Princeton University Press, 2013.
Gargaud, Muriel, Hervé Martin, Purificacíon López-García, Thierry Montmerle, and Robert Pascal. *Young Sun, Early Earth, and the Origins of Life: Lessons for Astrobiology*. Berlin: Springer, 2013.
Hazen, Robert M. *The Story of the Earth: The First 4.5 Billion Years from Stardust to Living Planet*. New York: Penguin, 2013.
Shaw, George H. *Earth's Early Atmosphere and Oceans, and the Origin of Life*. Berlin: Springer, 2015.
Ward, Peter, and Joe Kirschvink. *A New History of Life: The Radical New Discoveries About the Origin and Evolution of Life on Earth*. New York: Bloomsbury, 2015.

## ●第13章

Chambers, John, and Jacqueline Mitton. *From Dust to Life: The Origin and Evolution of Our Solar System*. Princeton, N.J.: Princeton University Press, 2013.
Gargaud, Muriel, Hervé Martin, Purificacíon López-García, Thierry Montmerle, and Robert Pascal.

Cambridge University Press, 2002.
Macdougall, Doug. *Nature's Clocks: How Scientists Measure the Age of Almost Everything*. Berkeley: University of California Press, 2008.

## ●第9章

Bevan, Alex, and John De Laeter. *Meteorites: A Journey Through Space and Time*. Washington, D.C.: Smithsonian Books, 2002.
Chambers, John, and Jacqueline Mitton. *From Dust to Life: The Origin and Evolution of Our Solar System*. Princeton, N.J.: Princeton University Press, 2013.
Dalrymple, G. Brent. *The Age of the Earth*. Stanford, Calif.: Stanford University Press, 1994.
——. *Ancient Earth, Ancient Skies: The Age of the Earth and Its Cosmic Surroundings*. Stanford, Calif.: Stanford University Press, 2004.
Gargaud, Muriel, Hervé Martin, Purificacíon López-García, Thierry Montmerle, and Robert Pascal. *Young Sun, Early Earth, and the Origins of Life: Lessons for Astrobiology*. Berlin: Springer, 2013.
Hedman, Matthew. *The Age of Everything: How Science Explores the Past*. Chicago: University of Chicago Press, 2007.
Macdougall, Doug. *Nature's Clocks: How Scientists Measure the Age of Almost Everything*. Berkeley: University of California Press, 2008.
Nield, Ted. *The Falling Sky: The Science and History of Meteorites and Why We Should Learn to Love Them*. New York: Lyons, 2011.
Norton, O. Richard. *Rocks from Space: Meteorites and Meteorite Hunters*. Missoula, Mont.: Mountain Press, 1998.
Smith, Caroline, Sara Russell, and Gretchen Benedix. *Meteorites*. London: Firefly, 2010.
Zanda, Brigitte, and Monica Rotaru, eds. *Meteorites: Their Impact on Science and History*. Cambridge: Cambridge University Press, 2001.

## ●第10章

Bevan, Alex, and John De Laeter. *Meteorites: A Journey Through Space and Time*. Washington, D.C.: Smithsonian Books, 2002.
Chambers, John, and Jacqueline Mitton. *From Dust to Life: The Origin and Evolution of Our Solar System*. Princeton, N.J.: Princeton University Press, 2013.
Dalrymple, G. Brent. *Ancient Earth, Ancient Skies: The Age of the Earth and Its Cosmic Surroundings*. Stanford, Calif.: Stanford University Press, 2004.
Gargaud, Muriel, Hervé Martin, Purificacíon López-García, Thierry Montmerle, and Robert Pascal. *Young Sun, Early Earth, and the Origins of Life: Lessons for Astrobiology*. Berlin: Springer, 2013.
Nield, Ted. *The Falling Sky: The Science and History of Meteorites and Why We Should Learn to Love Them*. New York: Lyons, 2011.
Norton, O. Richard. *Rocks from Space: Meteorites and Meteorite Hunters*. Missoula, Mont.: Mountain Press, 1998.

Repcheck, Jack. *The Man Who Found Time: James Hutton and the Discovery of the Earth's Antiquity*. New York: Basic Books, 2008.
Rudwick, Martin J. S. *Earth's Deep History: How It Was Discovered and Why It Matters*. Chicago: University of Chicago Press, 2014.

## ●第５章

Bonney, Thomas G. *Charles Lyell and Modern Geology*. New York: Andesite, 2015.
Geikie, Archibald. *James Hutton: Scottish Geologist*. Shamrock Eden Digital Publishing, 2011.
Hutton, James. *Theory of the Earth with Proofs and Illustrations*. Amazon Digital Services, 1788.
Lyell, Charles. *Principles of Geology*. 3 vols. Chicago: University of Chicago Press, 1990–1991.
McIntyre, Donald B., and Alan McKirdy. *James Hutton: The Founder of Modern Geology*. Edinburgh: National Museum of Scotland Press, 2012.
Repcheck, Jack. *The Man Who Found Time: James Hutton and the Discovery of the Earth's Antiquity*. New York: Basic Books, 2008.
Rudwick, Martin J. S. *Earth's Deep History: How It Was Discovered and Why It Matters*. Chicago: University of Chicago Press, 2014.

## ●第６章

Berry, William B. N. *The Growth of a Prehistoric Time Scale*. San Francisco: Freeman, 1968.
Freese, Barvara. *Coal: A Human History*. New York: Penguin, 2004.
Goodell, Jeff. *Big Coal: The Dirty Secret Behind America's Energy Future*. New York: Mariner, 2007.
Martin, Richard. *Coal Wars: The Future of Energy and the Fate of the Planet*. New York: St. Martin's, 2015.
Thomas, Larry. *Coal Geology*, 2nd ed. New York: Wiley-Blackwell, 2012.

## ●第７章

Berry, William B. N. *The Growth of a Prehistoric Time Scale*. San Francisco: Freeman, 1968.
Rudwick, Martin J. S. *Earth's Deep History: How It Was Discovered and Why It Matters*. Chicago: University of Chicago Press, 2014.
Winchester, Simon. *The Map That Changed the World: William Smith and the Birth of Modern Geology*. New York: HarperCollins, 2001.

## ●第８章

Dalrymple, G. Brent. *The Age of the Earth*. Stanford, Calif.: Stanford University Press, 1994.
Hedman, Matthew. *The Age of Everything: How Science Explores the Past*. Chicago: University of Chicago Press, 2007.
Holmes, Arthur. *The Age of the Earth*. London: Harper and Brothers, 1913.
Lewis, Cherry. *The Dating Game: One Man's Search for the Age of the Earth*. Cambridge:

# もっと詳しく知るための文献ガイド

## ●第１章

Beard, Mary. *The Fires of Vesuvius: Pompeii Lost and Found*. Cambridge, Mass.: Belknap Press of Harvard University, 2010.
Cooley, Alison E., and M. G. L. Cooley. *Pompeii and Herculaneum: A Sourcebook*. New York: Routledge, 2013.
De Carolis, Ernesto, and Givoanni Patricelli. *Vesuvius, A.D. 79: The Destruction of Pompeii*. Malibu, Calif.: J. Paul Getty Museum, 2003.
Pellegrino, Charles R. *Ghosts of Vesuvius: A New Look at the Last Days of Pompeii, How Towers Fall, and Other Strange Connections*. New York; William Morrow, 2004.
Scarth, Alwyn. *Vesuvius: A Biography*. Princeton, N.J.: Princeton University Press, 2009.

## ●第２章

Fowler, Brenda. *The Iceman: The Life and Times of a Prehistoric Man Found in an Alpine Glacier*. Chicago: University of Chicago Press, 2001.
Lienard, Jean. *Cyprus: The Copper Island*. Paris: Le Bronze Industriel, 1972.
Nicholas, Adolphe. *The Mid-Ocean Ridges: Mountains Below Sea Level*. Berlin: Springer, 1995.
Searle, Rorger. *Mid-Ocean Ridges*. Cambridge: Cambridge University Press, 2013.

## ●第３章

Atkinson, R. L. *Tin and Tin Mining*. London: Shire Library, 2010.
Price, T. Douglas. *Europe Before Rome: A Site-by-Site Tour of the Stone, Bronze, and Iron Ages*. Oxford: Oxford University Press, 2013.

## ●第４章

Broadie, Alexander, ed. *The Scottish Enlightenment: An Anthology*. London: Canongate Classics, 2008.
Buchan, James. *Crowded with Genius: Edinburgh, 1745–1789*. New York: Harper Collins, 2009.
Geikie, Archibald. *James Hutton: Scottish Geologist*. Shamrock Eden Digital Publishing, 2011.
Herman, Arthur. *How the Scots Invented the Modern World: The True Story of How Western Europe's Poorest Nation Created Our World and Everything in It*. New York: Broadway Books, 2007.
Hutton, James. *Theory of the Earth with Proofs and Illustrations*. Amazon Digital Services, 1788.
McIntyre, Donald B., and Alan McKirdy. *James Hutton: The Founder of Modern Geology*. Edinburgh: National Museum of Scotland Press, 2012.

著者紹介

## ドナルド・R・プロセロ（Donald R. Prothero）

1954年、アメリカ、カリフォルニア州生まれ。

約40年にわたって、カリフォルニア工科大学、コロンビア大学、オクシデンタル大学、ヴァッサー大学、ノックス大学などで古生物学と地質学を教えてきた。

カリフォルニア州立工科大学ポモナ校地質学部非常勤教授、マウントサンアントニオカレッジ天文学・地球科学部非常勤教授、ロサンゼルス自然史博物館古脊椎動物学部門の研究員を務める。

『化石を生き返らせる——古生物学入門 *Bringing Fossils to Life: An Introduction to Paleontology*』や、ベストセラーとなった『進化——化石は何を語っているのか、なぜそれが重要なのか *Evolution: What the Fossils Say and Why It Matters*』、『化石が語る生命の歴史　古生代編・中生代編・新生代編』（築地書館）など、35冊以上の著書がある。

また、これまでに300を超える科学論文を発表してきた。

1991年、40歳以下の傑出した古生物学者に与えられるチャールズ・シュチャート賞を受賞。2013年には、地球科学に関する優れた著者や編集者に対して全米地球科学教師協会から与えられるジェームス・シー賞を受賞。

訳者紹介

## 佐野弘好（さの・ひろよし）

1952年、大阪府生まれ。

1971年4月、九州大学理学部地質学科入学。

1980年9月、九州大学大学院理学研究科修了。

1985年3月、理学博士。

九州大学理学部助手、同大学院理学研究院教授をへて、2018年3月、定年退職。九州大学名誉教授。専門は堆積岩石学。

フィールドワークにもとづいて、主として日本各地とカナダ西部のカシェクリーク帯の付加体に含まれる石炭系～三畳系石灰岩と二畳系・三畳系境界の珪質岩類を研究した。

趣味はクラシック音楽鑑賞と街歩き。

# 岩石と文明（上）

## 25の岩石に秘められた地球の歴史

2021年5月31日　初版発行

著者　ドナルド・R・プロセロ
訳者　佐野弘好
発行者　土井二郎
発行所　築地書館株式会社
〒104-0045 東京都中央区築地7-4-4-201
TEL.03-3542-3731　FAX.03-3541-5799
http://www.tsukiji-shokan.co.jp/
振替 00110-5-19057
印刷・製本　中央精版印刷株式会社
装丁　吉野 愛


ISBN978-4-8067-1618-1

「化石が語る生命の歴史」シリーズ

本シリーズは『岩石と文明』の姉妹書 *“The Story of Life in 25 Fossils”* を時代にそって３分冊したもので、本書と合わせて読むと、地球の成り立ち、進化、知られざる地質学史などをより楽しめます。

---

## 11の化石・生命誕生を語る［古生代］

ドナルド・R・プロセロ［著］ 江口あとか［訳］
2200円＋税

この化石の発見で、生命の発生がわかった——
三葉虫、バージェス動物群、初の陸上植物クックソニア、軟体動物から脊椎動物へ、水生から陸生動物へ……。歴史に翻弄される古生物学者たちの苦悩と悦びにみちた研究史とともに生命の歴史を語る。

---

## 8つの化石・進化の謎を解く［中生代］

ドナルド・R・プロセロ［著］ 江口あとか［訳］
2000円＋税

この化石の発見が、環境への適応を明かす——
第二次世界大戦の空爆で失われてしまった貴重な化石コレクション、民間人の化石採集、さまざまな発掘・研究秘話とともに、生物の陸上進出から哺乳類の登場までを、進化を語る化石で解説する。

---

## 6つの化石・人類への道［新生代］

ドナルド・R・プロセロ［著］ 江口あとか［訳］
1800円＋税

この化石の発見が、世界を変えた——
いよいよ人類が登場する。人類発祥の地はユーラシアかブリテンかアフリカか。無視されたアフリカでの大発見。消えた北京原人。次々と発見される化石から浮かび上がる人類進化の道。